普通高等教育信息技术类系列教材

Linux 操作系统基础理论与实践
（基于 CentOS 8）

主　编　徐行健

副主编　米　增　孟繁军

科学出版社

北　京

内 容 简 介

本书基于 CentOS 8，全面介绍了 Linux 操作系统基本的理论概念和使用方法。第 1 章主要介绍 Linux 操作系统的基本概念与特点，第 2 章至第 4 章主要介绍命令行用户界面的基本使用方法，第 5 章至第 8 章主要介绍 Linux 中重要的系统功能，第 9 章主要介绍 systemd 软件包的使用方法与系统服务的管理方法，第 10 章主要介绍本地存储系统的管理方法。

本书既可作为应用型本科、高职高专、成人教育 Linux 理论教材，也可作为 Linux 运维人员、Linux 程序开发者、Linux 服务器用户等的参考书。

图书在版编目（CIP）数据

Linux 操作系统基础理论与实践：基于 CentOS 8 /徐行健主编. —北京：科学出版社，2022.7
（普通高等教育信息技术类系列教材）
ISBN 978-7-03-072398-7

Ⅰ.①L… Ⅱ.①徐… Ⅲ.①Linux 操作系统－高等学校－教材 Ⅳ.①TP316.85

中国版本图书馆 CIP 数据核字（2022）第 090104 号

责任编辑：吴超莉 宋 丽 / 责任校对：赵丽杰
责任印制：吕春珉 / 封面设计：东方人华平面设计部

科 学 出 版 社 出版
北京东黄城根北街 16 号
邮政编码：100717
http://www.sciencep.com
廊坊市都印印刷有限公司 印刷
科学出版社发行 各地新华书店经销
*
2022 年 7 月第 一 版 开本：787×1092 1/16
2022 年 7 月第一次印刷 印张：12 3/4
字数：302 000
定价：45.00 元
（如有印装质量问题，我社负责调换〈都印〉）
销售部电话 010-62136230 编辑部电话 010-62135397-2032

前　言

　　计算机科学正处于快速发展时期，信息技术与信息化在各行各业中都有广泛的应用。在专业应用领域，Linux 作为服务器、工作站操作系统的主要提供者，已经占有很大的市场份额。Linux 从诞生到现在已经过去 30 余年，在这段时间里，Linux 从最初一个小众实验性质的小型操作系统，逐渐发展成一个支持多平台、高性能、拥有丰富功能且能长时间稳定运行的操作系统。

　　Linux 的快速发展离不开开发者的辛勤工作，同时也离不开众多 Linux 系统用户的不断测试、反馈与支持。Linux 之所以有这么多的"追随者"，有这么多的人愿意"免费"为 Linux 贡献代码、提交问题报告，根本原因之一就是 Linux 足够好用、足够实用。

　　对于计算机专业人员，掌握 Linux 操作系统的使用方法可以说是一项必不可少的知识技能。无论是学习计算机课程，还是应用计算机技术，一定程度上都离不开 Linux 操作系统；很多软件工具链、运行时环境都依赖 Linux；越来越多的物联网、嵌入式设备也都是基于 Linux 设计实现的。为了让读者对 Linux 世界的基本面貌进行深入的了解，我们组织多年从事 Linux 本科教学相关工作的人员编写了本书。

本书特点

　　1）注重讲解 Linux 操作系统的基础知识与基本原理。Linux 的学习教材不应该只是 Linux 操作手册。Linux 中有非常多的概念、功能、命令，如果只介绍命令的选项和参数，那么读者将很难真正掌握这些命令的使用方法，更无法理解 Linux 操作系统的精髓所在。本书通过代码展示了命令的一般使用方法，帮助读者学会使用 Linux 常用命令完成具体任务；同时，本书也结合操作系统的一些基本原理，深入讲解了 Linux 的核心概念、运行机制以及命令背后的工作原理。

　　2）紧跟 Linux 发展，删除过时的知识点。自 Linux 诞生开始，Linux 操作系统的发展就非常迅速，为了适应不断变化的计算机环境，Linux 相关开发团队不断创新，融入新的功能，同时也带来新的使用方法。在这个过程中，很多功能已不再被使用。为了让读者及时了解和适应 Linux 的新功能、新趋势，本书加入了很多新的知识点，同时删除了过时的知识点。

　　3）去繁从简，略过知识性不强的软件配置操作，使读者充分聚焦 Linux 的基本技能。本书省略了 FTP 服务器、邮件服务器、软 RAID 等在现实场景中很少被使用的软件包，也省略了 KVM、DOCKER 等专业性非常强的软件包。

　　4）以 CentOS 发行版为基础，但又不局限于少数发行版。Red Hat 家族发行版在企业当中被广泛使用，影响深远，因此本书选择以免费的 CentOS 发行版为基础，讲解 Linux 的理论要点和操作技能。读者在学习完本书之后，不仅可以熟练掌握 Red Hat 家族发行版的使用方法，而且在使用其他发行版时，也不会感到陌生，并能快速掌握其使用方法。

5）与其他计算机课程紧密相连，适合计算机专业人员。Linux 操作系统与很多计算机专业课程均有深厚联系，是这些课程最好的实验环境。在写作本书的过程中，笔者特意融入了 C 语言、数据结构、计算机组成原理、操作系统和计算机网络等课程的相关知识，帮助用户逐步建立和完善现代计算机的整体知识体系，鼓励读者在学习其他课程应用到计算机时主动使用 Linux 操作系统。

本书中记号的约定

本书在描述命令使用方法时使用了若干记号，现将这些记号的意义说明如下。

1）大写字母组成的字符串：代表需要用户提供的参数或者选项值。

2）中括号 "[]"：表示中括号中的内容是可选的，如命令中的可选项和参数等。

3）英文省略号 "..."：表示英文省略号前面的部分可以多次出现。

4）竖线 "|"：表示或关系，即竖线两边的部分只能出现一个。

本书约定符号的使用方法举例如表 0-1 所示。

表 0-1　本书约定符号的使用方法举例

命令使用方法	解释
a [-o|-b] ARG	-o 和-b 选项不能同时出现，命令 a 也可以不指定选项，ARG 是参数
a -o X|-b	必须指定-o 和-b 选项中的一个，但是不能同时指定两个选项，X 是-o 选项的值
a [OPTION]... ARG...	可以为命令 a 指定多个选项、多个参数
a B... C	B 和 C 都是参数，参数 B 可以出现多次
a B.c	B 是需要用户指定的参数，如 a x.c、a yyyy.c 都符合本例的规则

致谢

本书由内蒙古师范大学计算机科学技术学院的徐行健任主编，米增、孟繁军任副主编。同时，还有许多老师、工程师也对本书提出了宝贵意见，给予了热情帮助，在此一并向他们表示感谢。

由于编者水平有限，书中难免有不妥之处，望读者予以指正。

目 录

第1章　绪　　论

1.1　计算机与操作系统

1.1.1　计算机

当今世界早已进入计算机时代，在日常生活中随处可见各种各样的计算机，它们在各行各业都起到了关键作用。除了传统意义上的计算机和服务器，诸如智能手机、路由器、自动柜员机（automatic teller machine，ATM）等设备也可以被称为计算机。那么具体来说，什么样的设备可以被称为计算机呢？计算机是利用数字电子技术，根据一系列指令指示并且自动执行任意算术或逻辑操作串行的设备。

现代计算机通常具有如下三大部分（图1-1）。

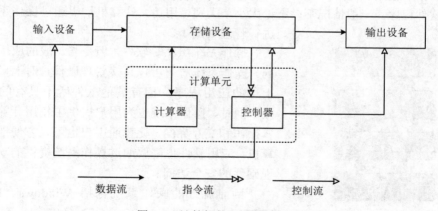

图1-1　计算机的主要组成部分

1）计算单元：包括计算器与控制器，分别负责计算数据与逻辑控制，现在一般由中央处理器（central processing unit，CPU）提供此功能，可以理解为计算机的"大脑"。

2）存储设备：可分为主存储器（又称主存、内存）和辅助存储器（又称外存），它们都可以存储数据和指令。主存储器的存取速度快，价格相对较贵，现在主要指内存条；辅助存储器的存取速度相对较慢，价格相对较低，磁盘、U盘、SD卡、固态硬盘均属此类。

3）输入/输出设备：输入设备的功能是接收用户输入的数据，并将其转换为计算机能够处理的二进制形式；输出设备会将计算机处理后的结果转换为用户可以理解的形式，展示、反馈给用户。输入/输出设备在用户与计算机之间创建了数据沟通的桥梁。

凡是满足上述特征的电子设备都可以称为计算机。根据设备的具体特征或不同的应用场景，计算机有着许多专门化的名称及作用（表 1-1）。

表 1-1　计算机在特定场合下的名称及作用

名称	作用
个人计算机（personal computer，PC）	个人使用的计算机
台式计算机（desktop computer）	主机和显示器分离的计算机，一般需要桌面放置显示器、键盘和鼠标等设备
笔记本计算机（notebook computer）	比台式计算机更小巧、高度集成、容易携带的一种计算机
工作站（workstation）	专门用于完成某种特殊工作的计算机
服务器（server）	对外提供服务的计算机，一般性能较好
大型计算机（mainframe）	一种特殊类型的服务器，一般采用商业 UNIX 操作系统，性能高、可靠性强
单片计算机（single-chip computer）	将多个部分集成在单个芯片上、小而完善的微型计算机
智能手机（smartphone）	现在主流的 Android 手机、iPhone 均属于此类

1.1.2　操作系统

前面主要介绍了计算机的硬件组成，但是如果用户直接使用这些硬件，会非常不方便且工作效率低下，因此需要一种特殊的软件来管理这些硬件，并将硬件的功能通过接口提供给用户使用。这种特殊的软件称为操作系统，它是管理计算机硬件与软件资源的计算机软件程序。一般情况下，不论大小、类别、用途，计算机均需通过操作系统对其进行管理（图 1-2）。

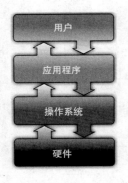

图 1-2　操作系统与硬件、应用程序和用户的基本关系

操作系统虽然是软件，但是与一般的应用软件不同。操作系统对下可以直接管理硬件，对上可以管理上层的应用程序，拥有其他软件所不具有的最高权限。同时，操作系统也为用户提供了使用计算机的基本操作和交互界面，让普通用户也可以方便地使用计算机，应用软件也需要通过操作系统提供的功能来实现硬件的安全访问。

目前流行的操作系统包括 Windows、Linux、UNIX、Android、macOS、iOS、VxWorks 等[①]，其中有些是免费使用的，有些是商业收费的。这些操作系统广泛运行在各种计算机设备中，为日常生活、工作娱乐、科学研究，乃至国防军事等提供了有力支持。

操作系统最为核心的部分称为系统内核（图 1-3）。由于直接对硬件操作是非常复杂的，因此内核通常提供一种硬件抽象的方法来完成这些操作，它也是基于硬件的第一层软件扩充。系统内核提供了操作系统最基本的功能，是操作系统工作的基础，它通常负

[①] macOS 也是 UNIX 的一种，Android 也采用了 Linux 内核，但是普通用户对这些操作系统更为熟悉，所以这里将其单列出来。

责管理系统的进程、内存、设备驱动程序、文件和网络系统，并且在很大程度上决定着系统的性能和稳定性。

内核将硬件操作抽象为软件接口，一定程度上隐藏了复杂性，为应用软件和硬件提供了一套简洁、统一的接口，使上层应用程序设计与实现更为简单。这里需要注意内核与系统软件的区别，普通用户一般不直接使用系统内核，而是使用各种系统软件和应用软件。例如，在 Windows 中，桌面、文件管理器、多媒体播放器、浏览器等都不属于系统内核。

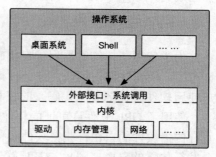

图 1-3　操作系统内核结构（宏内核）

内核分为很多种，如宏内核、微内核和混合内核等。Linux 操作系统的内核是一种宏内核，本书将在 1.2.2 节详细介绍 Linux 操作系统的内核。

1.2　Linux 操作系统介绍

1.2.1　Linux 的产生背景与发展

1. 自由软件与 GNU

在计算机蓬勃发展的 20 世纪七八十年代，计算机主要采用 UNIX 等操作系统，这些操作系统一般都是商业化的收费软件，且不允许用户随意修改其源代码或者其源代码不对用户开放。很多用户认为售卖不附带源代码的二进制软件是不合理的，因为这剥夺了软件用户学习以及帮助其他人的权利，更进一步阻碍了技术的进步。为了对抗这些商业专利软件，在理查德·马修·斯托曼（Richard M. Stallman）的带领下，自由软件运动（free software movement）得以展开，该运动致力于通过自由软件使计算机用户获得自由使用计算机的权利。

自由软件运动认为软件使用者有运行、复制、发布、研究、修改和改进该软件的自由；用户可以自主控制自己的计算机，而不是受制于软件开发者，用户应该控制软件，而不是软件控制用户。自由软件中的"自由"指的是权利问题（free as in freedom），而不是价格问题，这个概念类似于"言论自由"（free speech）中的"自由"，而不是"免费午餐"（free lunch）中的"免费"。

为了推进自由软件运动，理查德·马修·斯托曼于 1983 年建立了 GNU（GNU's Not UNIX）计划，其 logo 如图 1-4 所示，并于 1985 年建立了 FSF 基金会（Free Software Foundation），用于资助自由软件的开发等相关活动。GNU 计划发布了很多

图 1-4　GNU 计划的 logo

著名的软件，如编译器 GCC、编辑器 Emacs、引导器 GRUB、Bash 等，这些软件如今都已成为开源操作系统非常重要且必不可少的应用程序。

2. GPL

为了使用法律的武器保护自由软件，GNU 提出了 GPL（general public license）软件许可证。所谓软件许可证，是一种具有法律性质的合同或文档，用以规定和限制软件用户使用软件（包括其源代码）的权利，以及作者应尽的义务。

使用了 GPL 软件许可证的软件保证了用户拥有如下权利：运行、复制软件的自由；发行传播软件的自由；获得软件源代码的自由；改进软件并将自己做出的改进版本向社会发行传播的自由。同时，GPL 软件许可证也规定了用户"自由"的边界，用于保证自由软件运动的良好发展。

1）软件不得被窃取用作商业发售。

2）必须无偿提供软件的完整源代码，不得将源代码与服务做捆绑销售（服务本身可以收费）。

3）具有传染性，一个软件只要使用或者依赖了其他具有 GPL 的软件，那么该软件产品也必须采用 GPL。

4）版权所无，即用户可以去掉所有原作者的版权信息，只要你保持开源，并且随源代码、二进制版附上 GPL 就可以。

3. Linux 操作系统的产生与流行

GNU 最大的愿景之一就是开发一款完全独立自主、开源自由的操作系统，为此，GNU 提出过自己的操作系统内核（Hurd），但是该内核一直不太完善、成熟，这就导致当时并没有出现一种完全自由的操作系统，商业化的 UNIX 依然是当时的主流操作系统。当时，很多经销商为了寻求高利率，都将 UNIX 系统的价格抬升得非常高，普通的计算机用户基本负担不起 UNIX 的使用费用，绝大部分的系统与软件的源代码也需要付费购买，这极大地限制了整个计算机科学乃至整个计算机行业的发展。

为了解决这一现状，当时还是赫尔辛基大学计算机科学系二年级学生的林纳斯·托瓦兹（Linus Torvalds）在 1991 年首次以自由软件的形式发布了 Linux 内核（图 1-5），后续通过将 Linux 内核与 GNU 计划中的许多应用软件组装在一起，最终形成了一个自由、完整的操作系统，称为 GNU/Linux。目前，林纳斯·托瓦兹依然负责领导 Linux 内核项目的开发工作。

图 1-5　Linux 内核的 logo

Linux 与 UNIX 有很深的渊源（图 1-6），在开发 Linux 内核时，UNIX 依旧是市场主流，所以 Linux 操作系统始终与 UNIX 保持了一定程度上的兼容。它们共同遵守可移植操作系统接口（portable operation system interface，POSIX）标准。区分 Linux 与其他操作系统的标准为是否采用了 Linux 内核，凡是采用 Linux 内核的操作系统都可以称为 Linux 操作系统。

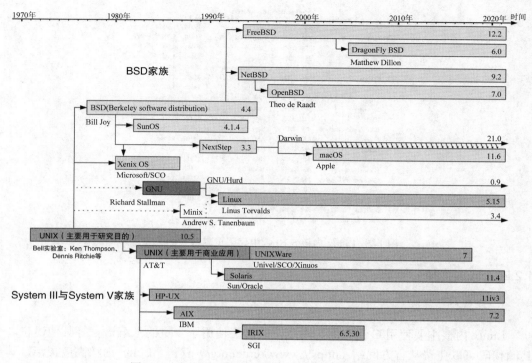

图 1-6 UNIX 各版本的发展及其与 Linux 之间的联系

POSIX 标准是 IEEE 为在各种 UNIX 操作系统上运行软件而定义的一簇标准，其正式名称为 IEEE 1003 标准。Linux 基本上实现了与 POSIX 兼容，但并没有申请通过正式的 POSIX 认证。POSIX 标准描述了操作系统的调用服务接口，用于保证编制的应用程序可以在源代码级别上、在多种操作系统上移植和运行，因此很多程序既有 Linux 版本也有 UNIX 版本。为此，Linux 也被称为是一种类 UNIX（UNIX-like 或 *NIX）操作系统，二者在基本概念、使用方式、工具链、编程方法等很多方面都有类似之处，熟练掌握 Linux 的用户一般也能快速掌握 UNIX。UNIX 与 Linux 各版本之间的关系非常复杂，可参考图 1-6。

Linux 内核采用 GPL 发布，任何人都可以在遵守 GPL 的前提下根据自己的需求订制 Linux 内核，所以越来越多的个人和公司都参与到 Linux 内核项目中。例如，华为、IBM、微软、谷歌、英特尔等公司都为其贡献了大量代码（图 1-7）。截至 2020 年 1 月，Linux 内核代码约有 66492 个文件，共约 2780 万行，约有 2.1 万名开发人员曾经为其贡献过代码。

Most active 5.10 employers

By changesets			By lines changed		
Huawei Technologies	1434	8.9%	Intel	96976	12.6%
Intel	1297	8.0%	Huawei Technologies	41049	5.3%
(Unknown)	1075	6.6%	(Unknown)	40948	5.3%
(None)	954	5.9%	Google	39160	5.1%
Red Hat	915	5.7%	NXP Semiconductors	35898	4.7%
Google	848	5.2%	(None)	30998	4.0%
AMD	698	4.3%	Red Hat	30467	3.9%
Linaro	670	4.1%	Code Aurora Forum	29615	3.8%
Samsung	570	3.5%	Linaro	29384	3.8%
IBM	521	3.2%	Facebook	27479	3.6%
NXP Semiconductors	439	2.7%	BayLibre	24159	3.1%
Facebook	422	2.6%	AMD	23343	3.0%
Oracle	414	2.6%	(Consultant)	19905	2.6%
SUSE	410	2.5%	IBM	18312	2.4%
(Consultant)	404	2.5%	MediaTek	15893	2.1%
Code Aurora Forum	313	1.9%	Arm	13390	1.7%
Arm	307	1.9%	Texas Instruments	11814	1.5%
Renesas Electronics	283	1.7%	SUSE	11063	1.4%
NVIDIA	262	1.6%	Oracle	10542	1.4%
Texas Instruments	218	1.3%	NVIDIA	10481	1.4%

图 1-7　Linux 内核 5.10 版中代码贡献最多的公司

1.2.2　Linux 内核

1. 源代码

Linux 内核主要使用 C 语言编写而成，同时还使用了少量的汇编语言等其他语言，其源代码可以免费从官方网站（https://www.kernel.org/）获得。Linux 内核高度灵活，其源代码拥有非常丰富的编译配置选项，在多种常见架构的计算机上都可以部署运行。需要注意的是，Linux 内核的官方网站只提供源代码下载，不提供编译好的二进制版本。

2. 内核版本

Linux 内核目前仍保持了较快的开发与发布速度。一般情况下，其各个版本的源代码都可以在官方网站（图 1-8）获得。

Protocol	Location
HTTP	https://www.kernel.org/pub/
GIT	https://git.kernel.org/
RSYNC	rsync://rsync.kernel.org/pub/

Latest Release
5.16.12 ⊕

mainline:	5.17-rc6	2022-02-27	[tarball]		[patch]	[inc. patch]	[view diff]	[browse]	
stable:	5.16.12	2022-03-02	[tarball]	[pgp]	[patch]	[inc. patch]	[view diff]	[browse]	[changelog]
longterm:	5.15.26	2022-03-02	[tarball]	[pgp]	[patch]	[inc. patch]	[view diff]	[browse]	[changelog]
longterm:	5.10.103	2022-03-02	[tarball]	[pgp]	[patch]	[inc. patch]	[view diff]	[browse]	[changelog]
longterm:	5.4.182	2022-03-02	[tarball]	[pgp]	[patch]	[inc. patch]	[view diff]	[browse]	[changelog]
longterm:	4.19.232	2022-03-02	[tarball]	[pgp]	[patch]	[inc. patch]	[view diff]	[browse]	[changelog]
longterm:	4.14.269	2022-03-02	[tarball]	[pgp]	[patch]	[inc. patch]	[view diff]	[browse]	[changelog]
longterm:	4.9.304	2022-03-02	[tarball]	[pgp]	[patch]	[inc. patch]	[view diff]	[browse]	[changelog]
longterm:	4.4.302 [EOL]	2022-02-03	[tarball]	[pgp]	[patch]	[inc. patch]	[view diff]	[browse]	[changelog]
linux-next:	next-20220304	2022-03-04						[browse]	

图 1-8　Linux 内核官方网站首页上的主要版本

可以使用版本号来区分不同版本的内核。一般情况下（不包含 linux-next 版本），版本号的格式为 major.minor.patch-build，如 5.10.13、5.4.0-65-generic、3.10.0-862.3.3.el7. x86_64，其中各部分的意义如表 1-2 所示。

表 1-2　Linux 版本号中各部分的说明

英文名称	中文名称	说明
major	主版本号	有重大结构变化时才变更，不同主版本之间不保证兼容
minor	次版本号	同一主版本下新增功能或更改生命周期后才发生变化
patch	修订版本号	一般是修改 bug，增加已有功能的重要性，不增加新功能
build	构建版本号	一般包含了各个发行版本对内核的少量修改。只有发行版提供的内核才有此项，Linux 内核官网提供的内核版本不包含此项

3. 内核生命周期

内核生命周期是指 Linux 内核开发组为特定次要版本（主版本号+次版本号，一般不包含修订版本号）Linux 内核提供 bug 修复的时间周期。生命周期截止的时间称为 EOL（end of life），某版本内核超过其对应的 EOL 后，开发组将不会继续为其提供维护。根据生命周期从短到长，内核版本的分类如表 1-3 所示。

表 1-3　Linux 内核版本的主要类型

代号	名称	说明
linux-next	测试版	下个即将发布的版本，用于给开发者做测试
mainline	主线版	通过一定测试后的当前最新版本，对稳定性需求不太强又需要使用新功能的环境可以使用此版本
stable	稳定版	经过充分测试后非常稳定的版本，可以用在正式的生产环境中
longterm	长期支持版	非常稳定，拥有很长的生命周期（目前一般为 6 年），一般用于对新功能需求不大的生产环境中

上述几个主要类型的 Linux 内核一般按照如下流程产生（图 1-9）。当前所有新功能的开发工作都会在测试版上完成，通过一定测试的测试版会复制一份形成主线版本发布；经过几个主线版后，会将其中较稳定的一个版本选作稳定版；再经过几个稳定版后，会将其中较稳定的一个版本选作长期支持版进行发布，在后续的开发过程中，开发组只会对长期支持版进行 bug 修复，一般不会再为其引入新的功能。

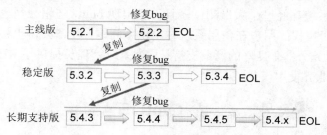

图 1-9　Linux 内核的发版流程

1.2.3　Linux 发行版

1. 概念

如前文所述，操作系统内核一般只提供编程接口，因此一个完整的操作系统不仅需要包含系统内核，还需要包含必要的系统软件、应用软件等。Linux 操作系统和常用的 Windows、macOS 这类操作系统有一个明显区别：Linux 操作系统的构成非常灵活多变，用户可以自由选择内核版本、自由选择系统软件与应用软件、自由对系统进行配置。

Linux 操作系统是一个相对宽泛的概念，凡是采用 Linux 内核的系统都是 Linux 操作系统，任何人都可以按照自己的喜好、需求打包出各种各样的 "Linux 操作系统" 并发布到互联网上。这就导致了一种现象：市面上有非常多的 Linux 操作系统供用户选择。

为了有效区别这些不同的 Linux 操作系统，本书引入发行版（distribution）的概念。发行版用于描述一个可以预先打包好各种程序、直接安装到计算机系统的 Linux 操作系统。任何人都可以打包制作自己的 Linux 发行版，目前已经有数百个 Linux 发行版，可以通过 https://distrowatch.com/网站查看当前流行的发行版。其中比较流行的发行版包括 RHEL、CentOS、Debian、Ubuntu、SUSE、Arch Linux、深度 Linux（deepin）等。

不同发行版之间的设计理念不同，服务的目标用户也不同，所以各个发行版打包的应用程序也不尽相同。例如，有的发行版适合不需要图形界面的服务器安装，有的适合桌面用户安装，还有的适合进行特殊任务的工作站安装，用户可以根据自己的实际需求选择合适的发行版。

这里需要注意的是，发行版的版本与内核版本是互相独立的，不要混淆。同一个版本的 Linux 发行版下可以选择安装不同版本的 Linux 内核。可以将发行版看作一辆完整的汽车，内核是其发动机，汽车的型号与发动机型号可以完全不同。Linux 发行版一般会对内核开发组提供的内核源代码进行修改、优化，编译成可以直接运行的二进制文件供用户使用。

2. 红帽（Red Hat）系列发行版

红帽系列发行版主要包括 RHEL、CentOS 和 Fedora（图 1-10）。RHEL 全称为 Red Hat Enterprise Linux，是红帽公司推出的一款面向企业用户的 Linux 发行版。用户需要向红帽公司支付一笔不菲的授权费用后才能正常使用该发行版。RHEL 以稳定著称，其中每个软件包和整个系统都经过了大量测试，且一旦出现 bug，红帽公司也会尽快发布修复补丁。如果购买了授权的用户在使用系统时出现了问题，红帽公司也将对其提供咨询服务。RHEL 非常稳定，具有良好的商业支持，且为系统管理员提供了 RHEL 工程师认证，所以 RHEL 在企业界使用广泛。

图 1-10　RHEL、CentOS 和 Fedora 的 logo

可能有人会有疑问，Linux 内核采用 GPL，即要求第三方不能对其进行售卖，但为何红帽公司可以对 RHEL 发行版收费？这是因为两点：第一，红帽公司的收费不是针对 Linux 操作系统本身，而是针对红帽公司提供的软件服务，如 bug 修复、问题咨询等；第二，红帽公司虽然对 Linux 内核和很多开源软件包进行了修改，但是它将修改后的源代码进行了公开，任何人都可以使用因特网浏览这些改动后的源代码。

正是因为 RHEL 虽然是收费的商业发行版，但是其源代码全部开放，所以其他人完全可以将下载得到的 RHEL 源代码自行编译后使用，对于这一点红帽公司是允许的。CentOS 发行版正是基于这个方法制作产生的，CentOS 采用的源代码与 RHEL 完全一致（只去除一些 RHEL 的商标信息），甚至 RHEL 有的 bug，CentOS 也会有。CentOS 可以被认为就是一个"免费"版的 RHEL，它与 RHEL 同样稳定，只不过不能享受红帽公司的售后服务。为此，相较于收费的 RHEL，免费但同样好用的 CentOS 的使用更为广泛。

Fedora 发行版软件版本较新，经过 Fedora 测试的源代码稳定后最终将集成到 RHEL。该发行版相当于 RHEL 的"试验场"，因此，Fedora 一般被认为不如 RHEL 与 CentOS 稳定，多用于桌面环境。本书选择 CentOS 进行学习，各大发行版的基本使用方法类似，对其他发行版感兴趣的读者可以自行学习。本书讲解的 CentOS 版本为 CentOS 8，基本对应于 RHEL 的 RHEL 8，用户可以从其官方网站（https://www.centos.org/）免费下载得到。

1.2.4　Linux 的特点

由于 Linux 开放源代码，因此很多来自世界各地的开发者都不断地将一些新功能加入 Linux，同时也为 Linux 修复了大量 bug。正是由于开发者们的辛勤付出，Linux 从最初一个"玩具"性质的软件进化得越来越好，拥有大量优点，这里仅介绍其中一些较为重要的优点。

1）开放自由。Linux 中很多组件都开放源代码，用户可以非常方便地对其进行修改。全世界的 Linux 开发者都协同合作，对 Linux 的研发做出贡献。

2）多用户、多任务。多用户是指系统资源可以被相同用户使用，每个用户对自己的资源（如文件、设备）有特定的权限，互不影响。多任务是指 Linux 可以同时执行多个程序，而各个程序的运行互相独立。从硬件上来说，Linux 对多 CPU、多核 CPU 具有良好的支持；从软件上来说，Linux 对并行程序也有良好的支持。

3）网络功能丰富。Linux 的诞生离不开互联网，其内部也提供了非常丰富的网络功能。

4）系统安全。一方面，由于 Linux 内核代码公开，很难在其中植入后门；另一方面，Linux 中有完善、健壮的系统安全功能，采取了许多安全技术措施，包括读写控制、带保护的子系统、审计跟踪和核心授权等。

5）云计算与大数据的基础。当前流行的云计算、大数据技术，其底层往往依赖 Linux，可以说，Linux 很大程度上支撑了现代互联网。

6）良好的可移植性。Linux 内核以及大部分的相关软件都基于源代码发布，可以相对方便地被移植到各个平台。目前，绝大部分计算机平台架构都支持安装 Linux，如 x86、ARM、PowerPC、MIPS、RISC-V、SPARC 等。

虽然 Linux 的优点很多，但是在工程领域没有什么东西是完美无缺的。目前，Linux 依旧存在一些缺点亟待解决。

1）对某些新硬件缺乏支持，如新的 CPU、某些特殊型号的硬件等，都可能由于商业原因，厂商没有及时发布驱动，导致在 Linux 下无法正常使用。

2）发行版较多，碎片化严重，在很多方面很难形成合力，尤其对于桌面环境更是如此；相对于 Windows 与 macOS 较为弱势，且缺乏一些行业软件的支持。

3）对普通用户还不够友好、易用。这主要是因为从 Linux 诞生之初到现在，其主要开发者都是经验知识丰富的计算机工作者，普通用户需要学习更多的内容才能流畅地使用 Linux。

随着 Linux 的不断发展，上述问题正在慢慢得到改善，但作为计算机专业的学生，掌握 Linux 操作系统的使用方法仍然是一门必不可少的技能。Linux 给予用户对计算机最大程度上的控制，通过学习 Linux 能更加深入地理解计算机系统；在服务器领域，Linux 占据了大量市场份额，计算机专业的学生在将来的工作中离不开这些设备；在科学计算、数值分析等专业领域，很多相关软件都是基于 Linux 开发的；Linux 非常适合根据具体的应用场景加以定制，很多智能产品、技术创新都是基于 Linux 实现的。得益于上述诸多优点，Linux 广泛应用于各个业务场景（图 1-11），表 1-4 列举了一些典型的应用场景。

图 1-11　Linux 操作系统可用于刀片服务器、智能手机、路由器与机上娱乐等设备中

表 1-4　Linux 的应用场景举例

领域	应用场景举例
网络服务器	Web 网站、游戏服务器、文件服务器、视频流媒体
高性能计算	科学计算、数值仿真
嵌入式设备	智能家居、工业控制、物联网
专用设备	自动柜员机、汽车车机、飞机飞控、武器火控
移动终端	手机、平板计算机、个人数字助理（personal digital assistant，PDA）
工作娱乐	PC、笔记本式计算机、游戏主机
服务承载	云计算、大数据、人工智能

1.3　CentOS 8 的基本安装方法

1.3.1　基于虚拟机的安装方法

1. 虚拟机简介

虚拟机（virtual machine，VM）是一种允许用户在当前操作系统中运行其他操作系统的软件。虚拟机软件在当前操作系统（也称为 host 系统）上运行，它可以模拟出一套虚拟硬件，这套虚拟硬件称为虚拟机，它包括运行操作系统所需要的各个模块，如 CPU、内存、网卡、硬盘、显卡等。用户可以像使用真实的物理硬件一样在这套虚拟机上安装操作系统，安装后的用户操作系统（也称为 guest 系统）可以直接运行于 host 系统之上，就像计算机上的任何其他程序一样。从用户操作系统的角度来看，虚拟机就是一台真实的物理计算机。

由于初学者在实体物理机上安装 Linux 时容易出现各种误操作，因此本书首先使用虚拟机演示安装 Linux 操作系统的步骤。一旦安装过程中发生了错误，可以方便地将虚拟机删除后重建，重新开始安装，其间并不会影响物理机的正常工作。

常见的虚拟机包括 VirtualBox、VMWare、Hypervisor 等。由于各个虚拟机的操作方法类似，因此本书以开源免费的 Oracle VirtualBox 虚拟机为例，讲解 Linux 操作系统 CentOS 发行版的安装步骤。VirtualBox 的安装文件可以从其官方网站（https://www.virtualbox.org/）获得，安装方法较为简单，这里不再赘述。

2. 获取系统安装介质

正式在虚拟机中安装操作系统之前，还需要准备一份系统的安装介质，即系统的安装程序，一般封装为可引导的 iso 光盘映像文件。CentOS 的系统安装镜像也可以从其官方网站下载获得（图 1-12），一般选择为 64 位架构（x86_64）计算机准备的 iso 文件。需要注意的是，一般官方会为用户提供多种类型的 iso 文件，这里选择以 dvd1.iso 结尾的文件，如 CentOS-Stream-8-x86_64-20211213-dvd1.iso，它包含了系统安装时所用的全部文件，安装系统时不需要连接互联网，相对来说更加方便实用。

图 1-12　CentOS 8 Stream 版的下载方式

CentOS主要是为服务器生产环境而设计开发的，虽然在生产服务器中一般不会安装桌面环境，但是为了增加读者对 Linux 的感性认识，本节将演示安装基于 Gnome 的 CentOS 桌面环境。

3. 新建虚拟机

打开 VirtualBox 软件后，在软件主页面工具栏中单击"新建"按钮（图 1-13），进入新建虚拟机的参数设定对话框。对于大多数参数，这里直接使用默认值即可，需要特别注意的参数如下。

图 1-13　在 VirtualBox 主界面新建虚拟机

1）虚拟机类型应选择 Linux，版本选择 Red Hat（64-bit），因为 CentOS 在这里被认为是 Red Hat 的衍生发行版（图 1-14）。

2）新建虚拟硬盘不应过小，为了保证本书后续实验的正常运行，一般不小于 10 GB（图 1-15）。

图 1-14　为新虚拟机选择合适的类型与版本

图 1-15　设置虚拟硬盘大小

3）如果读者做实验的物理机拥有足够的内存和 CPU 资源，可以适当提高 VirtualBox 默认设置的虚拟内存容量和虚拟 CPU 核心数。

4. 进入系统安装程序

设置完新虚拟机参数后，即可启动新建的虚拟机。这里的"启动"相当于在虚拟机上"按下"一个虚拟的电源键，使其进行开机流程。由于该虚拟机是第一次开启，其中尚未安装任何操作系统，VirtualBox 检测到这种情况后，会在窗口中弹出对话框提示用户选择系统安装镜像，此时选择已下载好的 iso 格式的 CentOS 系统安装镜像即可（图 1-16）。

选择正确的系统镜像并等待几秒钟后，虚拟机就正式进入了 CentOS 的引导界面，此窗口相当于虚拟机为用户虚拟出的"屏幕"。在接下来的操作中首先需要注意的是，当前物理机的键盘和鼠标还连接在当前操作系统中，用户必须将鼠标移动到虚拟机窗口中并单击，才能将鼠标和键盘连接到虚拟机，供虚拟机使用。此后，如果想将鼠标和键盘重新连接回当前操作系统，按一下键盘上的 Ctrl 键即可。如果用户在后续的操作中发现键盘和鼠标在虚拟机中没有响应，首先应当检查是否已将键盘和鼠标连接到了虚拟机。

刚进入 CentOS 的引导界面时，会显示系统安装程序选择菜单（图 1-17），系统默认选择的是第二个选项 Test this media & install CentOS Stream 8-stream。如果用户不按键盘或鼠标，一段时间后系统会自动进入第二个选项所规定的引导程序。此程序会首先检测系统安装镜像的完整性，只有通过检测，才会正式进入系统的安装界面。这种方式的缺点在于验证安装镜像完整性的耗时较多，如果用户确认自己的镜像没有问题或者之前已经通过校验，也可以通过上下方向键，选择第一个启动选项 Install CentOS Stream 8-stream，使其处于高亮状态后按下回车键，这样就可以直接进入 CentOS 的安装界面。

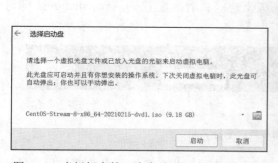

图 1-16　虚拟机在第一次启动时要求选择操作系统的安装启动盘

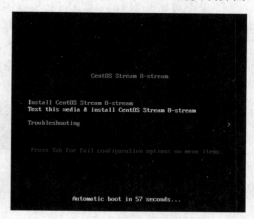

图 1-17　系统安装程序选择菜单

5. 配置系统安装参数

进入安装程序后，用户就可以在虚拟机中使用鼠标了（首先需要将鼠标连接到虚拟机）。在安装程序的第一个界面中，用户可以选择接下来安装程序界面所使用的语言（图 1-18）。CentOS 的安装程序支持世界上绝大部分语言，但是这里读者最好还是使用默认的英文界面，借此可以熟悉一下 Linux 操作系统一些专业术语的英文写法，这一点对于初学者是非常有必要的。

在系统语言选择界面中单击右下角的 Continue 按钮，进入安装程序配置页面（图 1-19），所有安装选项都可以通过此界面进行设置。为了简化用户的安装过程，CentOS 为大多数的安装选项提供了默认值，但是依旧有一些没有默认值的安装选项，这些选项的下方会出现红色字体的提示信息。

图 1-18　系统语言选择界面　　　　图 1-19　安装程序配置页面（方框中是需要配置的选项）

如果不对这些没有默认值的安装选项进行设置，配置页面右下角的 Begin Installation 按钮将处于灰色状态，无法通过单击来开始系统安装。这里有几个选项需要配置。

1）位于 LOCALIZATION 列的 Time & Date 选项。此选项用于配置系统的时间和时区等信息，进入界面后通过单击地图或选择地区将时区配置为 Asia/Shanghai 即可（图 1-20）。

图 1-20　时间和时区配置页面

2）位于 SOFTWARE 列的 Software Selection 选项。此选项控制系统安装程序默认安装的附加软件（图 1-21）。通过左侧的 Base Environment 列，用户可以选择预装的基础系统环境，其中比较常用的环境包括：Server with GUI，即带图形化桌面的服务器环境，会安装图形化桌面，也会安装一些常用的服务器软件；Server，即服务器环境，相比于 Server with GUI，其区别在于 Server 不会自动安装图形化桌面；Minimal Install，即最小化安装，系统安装程序时只会为用户安装保证系统运行必需的一些最基本的软件，

14

此模式安装完成后只有命令行界面，不会安装图形化的桌面环境。为了方便后续学习，建议此处选择 Server 环境。

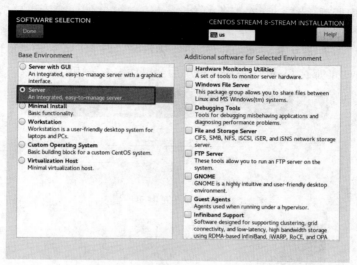

图 1-21 预安装软件选择页面

3）位于 SYSTEM 列的 Installation Destination 选项。此选项控制将操作系统安装到哪个位置（可以通俗理解为安装到哪块硬盘的哪个分区）。可以看到，此选项下方有红色提醒文字，说明如果用户不对其进行设置，安装程序是不允许进一步进行系统安装的。单击进入这个选项，直接单击 Done 按钮即可（图 1-22）。图 1-22 中出现的 8 GiB 硬盘即用户先前在虚拟机设置时新建的虚拟磁盘，如果磁盘设定的容量较小，系统会提示用户因为安装目的磁盘过小而无法进行系统安装。

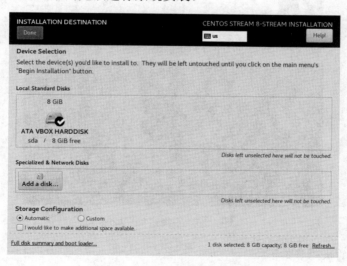

图 1-22 系统安装硬盘配置页面

4）位于 USER SETTINGS 列的 Root Password 选项。此选项用于配置系统管理员（root 用户）的密码（图 1-23），设定后请牢记此密码。

完成上述配置后，图 1-19 右下角的 Begin Installation 按钮变为可单击状态，单击后系统就真正开始了安装过程。此后的系统安装过程一般不再需要人为干预，系统安装完成后，图 1-24 右下角的 Reboot System 按钮变为可单击状态，单击后虚拟机会自动重启。如果系统安装成功，那么 CentOS 系统在启动后会自动进入等待用户登录的界面（图 1-25）。

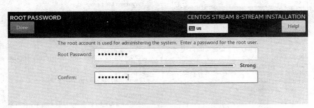

图 1-23　系统管理员密码配置页面

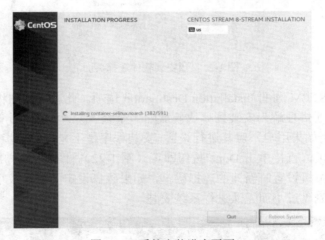

图 1-24　系统安装进度页面

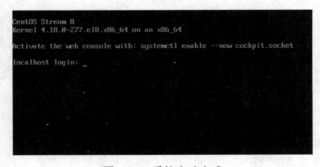

图 1-25　系统启动完成

6. 虚拟机的快照备份

虚拟机软件可以将虚拟机某个时间点上所有的状态数据都保存在宿主机的硬盘上，

形成虚拟机某个时间点的一个完整快照（snapshot）备份，用户可以通过快照快速恢复还原创建快照时间点的系统状态（图 1-26）。由于初学者在实验时经常存在误操作，且不会通过操作系统内的操作解决出现的各种问题，因此建议初学者在实验时经常对虚拟机创建快照，一旦出现误操作且自己无法解决，就可以通过快照功能进行快速系统恢复。

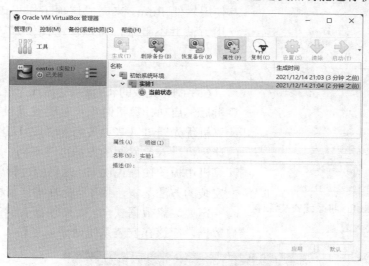

图 1-26 VirtualBox 的快照管理界面

1.3.2 基于物理机的安装方法

1. 考查物理机硬件的兼容性

在虚拟机上熟悉 CentOS 的安装流程后，如果有条件，读者可以利用闲置的实体计算机安装 Linux。物理机安装 Linux 操作系统的步骤和在虚拟机上的安装步骤基本相同，只在少数环节有所差异。

与虚拟机安装不同的是，在物理机上直接安装 Linux 操作系统时要注意物理机硬件是否拥有 Linux 驱动。对于绝大多数常见的硬件，Linux 是有驱动支持的，但是对于一些刚刚发布的硬件或者特殊种类的硬件，可能并没有 Linux 驱动，对于这种情况，用户就无法正常使用这些没有驱动程序的硬件。对于一些存疑的硬件，安装 Linux 操作系统前需要通过查询硬件官方网站或者利用搜索引擎等方式考查其兼容性。

不过用户也不用过于担心，因为对于市面上绝大多数的通用计算机硬件设备，Linux一般是有成熟的驱动支持的。对于个人计算机，可能存在兼容性问题的硬件主要包括独立显卡（CPU 自带的核心显卡一般都有驱动）、触摸板、指纹识别设备、较新型号的网卡、蓝牙模块等。

2. 准备引导安装介质

在物理机上安装 Linux 时，并不能像虚拟机那样选定用于引导安装介质的系统镜像

图 1-27　使用 Rufus 将系统安装镜像
写入 U 盘

文件，这里必须事先将下载得到的系统安装镜像写到某种真实存在的物理介质上，如光盘、U 盘等。对于光盘来说，这个步骤较为简单，只需要使用光盘刻录软件即可。对于更为常见和方便使用的 U 盘，本书推荐使用软件 Rufus 来完成这项工作，该软件的具体使用方法并不复杂，可以参考图 1-27。

3. 系统安装

在将制作完成的 U 盘启动盘或光盘启动盘插入计算机后，启动计算机时用户需要通过设置 BIOS，使计算机优先通过这些设备启动（图 1-28）。不同型号的计算机进入此界面的方法可能不同，具体可以参考计算机主板的使用说明书。此后的过程就和在虚拟机上安装的方法基本一致了。在真实计算机上安装系统时一定要注意数据安全，如果硬盘上事先已经存在用户数据，应该在安装系统前予以备份。

图 1-28　某型号计算机的启动介质选择菜单

思考与练习

1. 尝试安装带桌面环境的 CentOS，进入系统后，体验 Linux 下的浏览器、办公软件、媒体播放器等常用桌面软件。

2. 个人用户是否可以自己制作并发布一个 Linux 发行版？

3. 如果你的产品对 Linux 内核进行了大量修改，为了避免竞争对手抄袭你的产品，你是否能选择不公开自己修改后的源代码？

4. 你认为有哪些因素促使了 Linux 的成功？既然 Linux 如此优秀，那为何在普通用户中 Linux 并不流行？

5. 为什么建议初学者使用虚拟机做相关实验？使用虚拟机学习 Linux 与使用物理机相比，有何优势与劣势？

6. UNIX 与 Linux 的关系是什么？它们都共同遵守哪些标准？

第 2 章　Shell 的基本使用方法

2.1　Shell 概述

2.1.1　基本概念

　　计算机硬件提供的功能都必须通过操作系统的内核才能被使用，那么用户如何控制内核去完成某项任务呢？首先是编程的方式，Linux 内核提供了很多访问接口（也称系统调用），这些接口就像操作面板上的按钮一样，用户在自己编写的程序中通过调用这些接口使内核执行用户发出的各项命令。Linux 内核提供的访问接口一般是以 C 语言函数的形式存在的，需要通过编写代码的方式进行使用，日常使用不方便，普通用户更是没有能力使用这一方式访问系统内核。

　　为了解决上述问题，操作系统在内核接口之上提供了一类称为 Shell 的控制层，从而使用户无须编码也能方便地使用操作系统。Shell 也称"用户界面"（user interface），是一种将用户输入内容传递给操作系统执行，并将执行结果反馈给用户的软件程序（图 2-1）。

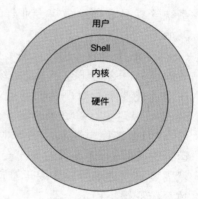

　　Shell 的基本原理：用户把想要完成的任务通过某种方式（如输入命令、单击鼠标等）"通知"给 Shell，Shell 再把这些任务"翻译"为合适的系统调用，并传递给内核执行，最终将执行结果反馈给用户。Shell 相当于用户与内核之间的翻译或中介，类似给系统内核套了一层"壳"，以方便用户使用。这也是 Shell 英文命名的由来。

图 2-1　Shell 在操作系统中的地位

2.1.2　主要类型

　　根据用户与 Shell 交互方式的不同，Shell 主要分为两种类型：命令行 Shell 与图形化 Shell。

　　1. 命令行 Shell

　　命令行 Shell 也称命令行界面（command line interface，CLI）或字符用户界面（character user interface，CUI）。命令行 Shell 可以接收用户以字符串形式输入的命令，在该命令执行完毕后，会将该命令的执行结果以字符的形式反馈给用户。在具体的使用过程中，命令一般是按行提交的，即用户在输入命令后，只有按下回车键后才会将该行命令提交给命令行 Shell 执行，这就是"命令行"名称的由来。

命令行 Shell 一般运行在黑色的屏幕或窗口中，颜色单调，操控方式依赖键盘，操作时用户必须对一些命令进行记忆。Windows 中的 CMD、macOS 中的 Terminal 程序都属于命令行 Shell。Linux 下常见的命令行 Shell 包括 Bash、Zsh、Dash 等。

2. 图形化 Shell

图形化 Shell 也称图形用户界面（graphical user interface，GUI）或桌面环境，用户可以通过鼠标单击、键盘输入甚至触摸屏等可视化的方式进行使用。类似 Windows、macOS 中的视窗桌面都属于图形化 Shell。

图形化 Shell 界面美观，操作便捷，入门更加容易，不需要记忆命令，对于非计算机专业用户来说，一般可以选择使用图形化 Shell。Linux 下常见的图形化 Shell 包括 GNOME、KDE、Xfce 等。

2.1.3　不同类型 Shell 的比较

一般来说，图形化 Shell 由于入门门槛相对较低，更适合普通用户使用，但对于系统管理员、程序员等专业计算机用户来说，在服务器中命令行 Shell 更受青睐，原因如下。

1）系统资源占用低。图形化 Shell 需要更多的系统资源去完成绘制窗口、动画、特效等任务，这些任务并不是系统的目标工作负载。Linux 操作系统在很多情况下会部署在对性能要求相对严苛的场景中，如嵌入式设备、工控机、军事设备等，使用命令行 Shell 可以避免计算资源的浪费。

2）系统稳定性高、安全性强。Linux 内核默认对命令行 Shell 提供支持，可以连续运行很长时间,无须重启也不会造成系统崩溃,但是如果要在服务器中安装图形化 Shell，就需要引入更多的软件用于维持桌面环境，这些"额外"的软件可能含有 bug，最终导致系统变得不稳定、不安全。

3）操作效率高。命令行界面下的命令、快捷键只需用键盘录入，用户双手无须离开键盘，这是提高工作效率的基础，在图形化界面下需要打开多个窗口、进行多次单击才能完成的操作，在命令行界面下往往只需一个命令即可完成。用户熟悉命令行界面的使用方法，就可以极大地提高工作效率。

4）易于自动化管理。在图形化 Shell 中需要用户通过单击鼠标进行的操作很难批量化、自动化，而在命令行界面下则可以通过批量执行脚本或命令的方式来完成。在管理大批量机器时，这一点显得尤为重要。

5）易于实现运维标准化。命令行界面下的操作都是以命令的形式进行的，只需在文档中记录输入了哪些命令，即可完整地记录本次操作，可以根据上述文档，最终形成类似任务的标准化处理流程。

虽然命令行 Shell 具有上述诸多优点，但是用户要认识到它并不是"万能"的，不能在所有工作场景下替代图形化 Shell。命令行 Shell 最大的缺点就是界面简单、单调，操作方式单一，对于一些办公排版软件、多媒体处理软件、大型行业软件、影音娱乐、3D 游戏等，图形化 Shell 是更好的选择。事实上，Linux、Windows、macOS 都既提供了命令行 Shell，也提供了图形化 Shell，用户可以同时使用这两种 Shell，二者并不冲突。

虽然 Linux 下的图形化 Shell 目前已相对成熟，但是本书还是主要讲授 Linux 操作系统基于命令行 Shell 的各项使用方法。这主要是因为：命令行 Shell 是 Linux 操作系统的精髓，体现了其简洁、高效的设计理念；所有的 Linux 操作系统都安装了命令行 Shell，而图形化 Shell 则往往需要单独安装软件包；所有的系统管理任务都可以通过命令行 Shell 完成，而图形化 Shell 只能完成部分任务；图形化 Shell 软件变化较迅速，软件升级后可能找不到原来的窗口，而命令行 Shell 下的命令及其使用方法则很少改变。本书中如果未对 Shell 做特殊强调，均指命令行 Shell。

2.1.4　Bash 简介

Linux 下可选的命令行 Shell 软件有很多，由于各发行版一般默认使用的 Shell 都是 Bash（Bourne-Again Shell），故本书主要讲授 Bash 的使用方法。Bash 是一个历史悠久的 Shell，是 GNU 计划中的软件，其第一版于 1989 年发布，距今已有 30 余年，至今仍处于活跃开发状态。Bash 在 CentOS 中对应的可执行程序文件路径为/usr/bin/bash，且系统中默认的 Shell 脚本解释器/bin/sh 也是/usr/bin/bash 的一个软链接。

2.2　控制台与终端

2.2.1　历史上的控制台与终端

在计算机发展的早期，大型机、小型机占据了计算机商用市场的主流地位，这些计算机体积巨大，往往占据一整个甚至多个房间。为了使用户可以方便地控制和使用这些计算机，随之出现了两类硬件设备：控制台和终端。

1. 控制台（console）

控制台相当于计算机的"中央总控制面板"，用户可以通过它来使用计算机。控制台是计算机的一个组成部分，一般与计算机安装在同一个房间或在计算机的附近。控制台一般配有一个屏幕用于显示计算机的输出内容，还配有若干按钮用于控制计算机（图2-2）。一台计算机只能有一个控制台，控制台一般只会分配给系统管理员使用。

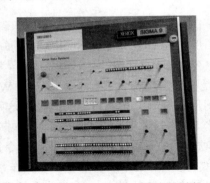

图 2-2　大型机 Sigma-9 上的控制台

2. 终端（terminal）

　　一台计算机只有一个控制台，它同时只能供一个用户使用，且该用户必须前往计算机所在机房，这种使用模式无疑是非常低效率的。为了使多个用户可以同时远程使用计算机，人们发明了终端。终端是一种提供文本输入、输出环境的硬件设备，它可以让用户将数据输入计算机，并显示其计算结果。

　　终端不是计算机的组成部分，它是与计算机分离的，一台计算机可以有多个终端。最早的终端没有屏幕，只是一台电传打字机（teletype，TTY），用户通过敲击电传打字机的键盘将输入内容通过电缆等设备远程输入计算机，计算机将处理结果显示到电传打字机上方打印出的纸张上（图 2-3），为此终端也被称为 TTY。

　　在学习编程语言时，经常将"在屏幕上显示字符串"这个功能描述为"打印字符串"，如 C 语言中的 printf()函数、Java 中的 System.out.println()函数。这里之所以用"打印"一词，而不用"显示"一词，正是因为历史上的终端没有屏幕，字符信息确实是打印在纸上的，而不是显示在屏幕上的。由于电传打字机只能将计算机的输出内容输出打印到纸上，使用时非常不方便，因此开发出了使用电子屏幕作为输出设备的终端（图 2-4）。

图 2-3　Model 32 ASR 型电传打字机

图 2-4　DEC VT100 终端

2.2.2　虚拟控制台和终端模拟器

随着计算机的发展，在目前的计算机中，上述控制台与终端两种硬件设备已分别被由软件实现的虚拟控制台（virtual console）和终端模拟器（terminal emulator）所取代。

1. 虚拟控制台

虚拟控制台（图 2-5）将与计算机直接连接的显示器作为数据输出设备，并使用键盘作为数据输入设备。虚拟控制台由 Linux 内核直接驱动，用户无须安装额外软件即可使用。与传统的硬件控制台不同，一台安装了 Linux 的计算机可以拥有多个虚拟控制台，这些虚拟控制台之间互不影响，相互间可以通过 Ctrl+Alt+F1,Ctrl+Alt+F2,…,Ctrl+Alt+F6 快捷键自由切换。

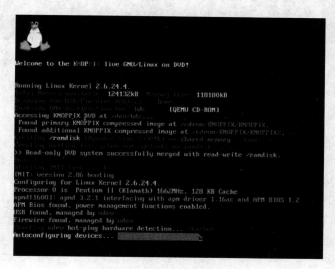

图 2-5　虚拟控制台

如果是真实的物理机，虚拟控制台会将计算机的整个显示器作为输出窗口，如果是虚拟机，则会将虚拟机窗口作为输出窗口。这里需要注意，虚拟控制台所使用的显示器和键盘都必须直接与计算机相连。CentOS 安装时，如果选择 Server 软件环境，启动后会自动进入虚拟控制台；如果选择 Server with GUI 软件环境，则会自动进入桌面环境。

2. 终端模拟器

终端模拟器（图 2-6）是一种在图形化 Shell（桌面环境）中使用的软件，它以软件的形式虚拟了一个运行在桌面窗口中的终端，因此也称终端窗口。终端模拟器会捕获用户的键盘输入并将其传送到 Linux 系统，同时将反馈信息显示在其窗口中。终端模拟器不仅可以连接本地计算机，还可以通过网络连接远程计算机。终端模拟器由很多软件实现，如 Linux 桌面环境下的 Gnome Terminal，macOS 下的 Terminal.app、iTerm2.app，Windows 下的 CMD、MobaXTerm[①]等。

图 2-6　两个终端模拟器（图中的两个窗口）

3. 虚拟控制台与终端模拟器之间的关系

虚拟控制台与终端模拟器在很多地方都是类似的，它们都提供了一种可以读取键盘输入、显示字符的输入/输出环境，但是它们仍然有很多区别。

1）虚拟控制台提供的输入/输出环境占据了整个屏幕，终端模拟器提供的输入/输出环境只占据一个桌面窗口。

2）虚拟控制台不需要桌面环境的支持，终端模拟器则必须在桌面环境中运行。

3）虚拟控制台不需要安装额外的软件，终端模拟器则需要安装对应的软件。

4）虚拟控制台只能为本地计算机提供服务，终端模拟器则可以连接本地或远程计算机。

随着计算机的不断发展，传统的硬件控制台与终端基本已经不再使用，目前提到控制台或终端，一般都是指软件实现的虚拟控制台或终端模拟器。为了阅读方便，本书统一使用"终端"一词来指代虚拟控制台、终端模拟器。

2.2.3　终端与命令行 Shell 的关系

终端与命令行 Shell 都是由软件实现的，也都和命令行有关，那么这二者是何种关系呢？首先必须要明确：终端不是命令行 Shell，终端本质上是一种硬件或软件虚拟的 I/O 字符设备，命令行 Shell 则是纯软件程序，终端提供了命令行 Shell 运行所需的输入/输出环境（图 2-7）。

---

① 一种免费使用的终端模拟器，可从 https://mobaxterm.mobatek.net/download.html 链接下载。

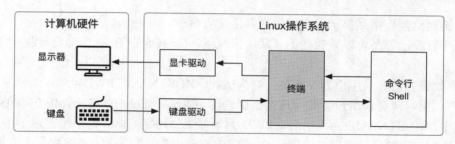

图 2-7　终端与命令行 Shell 的关系

通俗地说，终端就是"黑乎乎"的窗口或者屏幕，命令行 Shell 则是运行在终端环境中的一种程序。终端负责将用户的输入传递给命令行 Shell，命令行 Shell 则解析并执行用户输入的命令，接着命令行 Shell 会将用户命令的执行结果传递给终端，最后终端负责将这些结果展示给用户。命令行 Shell 不处理键盘输入事件，也不负责显示字符，这些都是终端的功能，是其要为命令行 Shell 处理好的。终端与命令行 Shell 是非耦合或绑定事件，一种终端可以运行多种命令行 Shell，一种命令行 Shell 也可以运行在不同的终端环境中。

2.3　初识命令行 Shell

2.3.1　基本操作

1. 登录与退出

如果用户在 CentOS 安装时选择的是 Server 软件配置，那么将真实的计算机或虚拟机启动后，系统会默认进入其虚拟控制台中，等待用户登录（图1-25 和图 2-8）。当用户输入正确的用户名与密码后会自动进入 Shell 中，需要注意，在输入密码时，屏幕上并不会有任何回显，这是为了防止密码被偷窥。用户在使用完系统后，可以通过命令 exit、命令 logout 或 Ctrl+Q 快捷键退出系统，重新返回系统的登录界面。

```
CentOS Stream 8    CentOS版本号
Kernel 4.18.0-277.el8.x86_64 on an x86_64    当前使用的内核版本号

Activate the web console with: systemctl enable --now cockpit.socket

localhost login: root    输入用户名
Password:
Last login: Mon Feb 15 20:35:48 from 10.0.0.215    提示上一次成功登录的终端信息
[root@localhost ~]#
    命令行提示符
```

图 2-8　Linux 虚拟控制台的登录过程

2. 命令与命令行提示符

成功进入 Shell 的标志是命令行的行首出现命令行提示符（shell prompt），它无法通过退格键删除，作用是提示用户可以在其后输入命令。

命令行提示符是可以被改变的。默认情况下，CentOS 中 Bash 的命令行提示符格式如下。

1）如果当前登录用户为管理员，则为[root@HOSTNAME PWD]#。

2）如果当前登录用户为非管理员，则为[USERNAME@ HOSTNAME PWD]$。

其中，HOSTNAME 为主机名，PWD 为当前工作路径，root 为系统管理员用户名，USERNAME 为当前登录用户的用户名。本书将在后续章节中介绍上述概念，这里只需要注意，系统管理员的命令行提示符一般以#结尾，普通用户则是以$结尾。

在命令行界面中，会看到一个闪烁的白色下画线或竖线，称为光标。用户可以在光标处插入或删除字符。如果要更换输入位置，需要移动光标，最简单的方式是通过键盘上的向左箭头和向右箭头来移动光标，也可以使用光标移动快捷键来提高效率。用户在命令行提示符后可以输入命令，按下回车键后，Shell 会对用户在本行输入的内容进行分析并执行，紧接着命令的执行结果会在下一行里输出到终端。

3. 命令的拼写

与 Windows 不同，Linux 区分英文字母的大小写，并区分中英文标点符号。在后续的实验中，初学者在输入命令时，应该确认自己使用的是否是英文输入法、是否关闭了键盘上的大写开关、命令的拼写是否正确，很多时候命令出错就是因为拼写错误，此时系统一般会返回 command not found 错误提示。初学者还应当注意，在 Linux 下的命令行 Shell 中，很多 Windows 下的快捷键都有不同的含义，例如，Ctrl+C 与 Ctrl+V 快捷键在该环境下就不是复制与粘贴的快捷键。

2.3.2 命令使用举例

1. 关机与重启

在 Linux 中，关机可以使用 poweroff 命令；重启可以使用 reboot 命令；shutdown 命令则既可以关机又可以重启，且提供了定时关机和重启功能。下面演示了这些命令的基本使用方法。

```
# 立刻关机
[root@localhost ~]        # poweroff

# 立刻重启
[root@localhost ~]        # reboot

# 立刻关机
[root@localhost ~]        # shutdown now

# 1min 后关机
```

```
[root@localhost ~]          # shutdown

# 11 时 5 分关机
[root@localhost ~]          # shutdown 11:05

# 5min 后关机，并将指定消息广播给其他用户
[root@localhost ~]          # shutdown +5 "Kernel update!"

# 1min 后重启。-r 选项表示重启，其他用法同上
[root@localhost ~]          # shutdown -r

# 取消所有使用 shutdown 命令发出的关机或重启计划
[root@localhost ~]          # shutdown -c
```

2. 查看系统信息

下面演示一些使用简单命令查看系统信息的方法，具体包括：使用命令 date 查看系统时间，使用命令 uptime 查看系统开机时间，使用命令 cal 查看日历，使用命令 uname 查看系统内核版本，使用命令 lscpu 和 lsmem 分别查看计算机 CPU 和物理内存信息。

```
# 查看当前系统时间
[root@localhost ~]        # date
Fri Dec 17 08:15:06 PM CST 2021

# 查看标注时区的当前系统时间，注意 date 与 -R 中间有一个空格
[root@localhost ~]        # date -R
Fri, 17 Dec 2021 20:15:10 +0800

# 查看系统已开机多长时间
[root@localhost ~]        # uptime
20:17:03 up 8 days,  9:25,  1 user,  load average: 0.03, 0.01, 0.00

# 以更美观的方式查看系统开机时间
[root@localhost ~]        # uptime --pretty
up 1 week, 1 day, 9 hours, 37 minutes

# 查看内核信息
[root@localhost ~]        # uname -a
Linux localhost.localdomain 4.18.0-277.el8.x86_64 #1 SMP Wed Feb 3
20:35:19 UTC 2021 x86_64 x86_64 x86_64 GNU/Linux

# 查看日历（当前日期会被高亮显示）
[root@localhost ~]        # cal
   December 2021
```

27

```
Su Mo Tu We Th Fr Sa
          1  2  3  4
 5  6  7  8  9 10 11
12 13 14 15 16 17 18
19 20 21 22 23 24 25
26 27 28 29 30 31
```

查看日历，周一放在第一列
```
[root@localhost ~]        # cal -m
      December 2021
Mo Tu We Th Fr Sa Su
       1  2  3  4  5
 6  7  8  9 10 11 12
13 14 15 16 17 18 19
20 21 22 23 24 25 26
27 28 29 30 31
```

查看计算机的 CPU 信息
```
[root@localhost ~]   # lscpu
Architecture:        x86_64
CPU op-mode(s):      32-bit, 64-bit
Byte Order:          Little Endian
CPU(s):              4
On-line CPU(s) list: 0-3
Thread(s) per core:  1
Core(s) per socket:  4
Socket(s):           1
NUMA node(s):        1
Vendor ID:           GenuineIntel
BIOS Vendor ID:      QEMU
CPU family:          15
Model:               6
Model name:          Common KVM processor
BIOS Model name:     pc-i440fx-6.0
Stepping:            1
CPU MHz:             2394.454
BogoMIPS:            4788.90
Hypervisor vendor:   KVM
Virtualization type: full
L1d cache:           32K
L1i cache:           32K
L2 cache:            4096K
L3 cache:            16384K
NUMA node0 CPU(s):   0-3
Flags:               fpu vme de pse tsc msr pae mce cx8 apic sep mtrr
pge mca cmov pat pse36 clflush mmx fxsr sse sse2 ht syscall nx lm constant_tsc
```

```
nopl xtopology cpuid tsc_known_freq pni cx16 x2apic hypervisor lahf_lm
cpuid_fault pti
```

```
# 查看计算机安装的物理内存
[root@localhost ~]# lsmem
RANGE                                      SIZE  STATE REMOVABLE BLOCK
0x0000000000000000-0x0000000007ffffff      128M online    no      0
0x0000000008000000-0x000000000fffffff      128M online    yes     1
0x0000000010000000-0x000000001fffffff      256M online    no      2-3
0x0000000020000000-0x000000002fffffff      256M online    yes     4-5
0x0000000030000000-0x0000000037ffffff      128M online    no      6
0x0000000038000000-0x00000000b7ffffff        2G online    yes     7-22
0x00000000b8000000-0x00000000bfffffff      128M online    no      23
0x0000000100000000-0x0000000107ffffff      128M online    no      32
0x0000000108000000-0x00000001d7ffffff      3.3G online    yes    33-58
0x00000001d8000000-0x00000001dfffffff      128M online    no      59
0x00000001e0000000-0x00000001ffffffff      512M online    yes    60-63
0x0000000200000000-0x000000020fffffff      256M online    no     64-65
0x0000000210000000-0x0000000217ffffff      128M online    yes     66
0x0000000218000000-0x0000000237ffffff      512M online    no     67-70


Memory block size:       128M
Total online memory:     7.9G
Total offline memory:      0B
```

3. 查看系统帮助

Linux 中有很多命令，这些命令的使用方法通常很多变。如果用户对某命令不熟悉，希望查询该命令的使用方法，Linux 提供了内置的命令帮助手册，通过命令 man（单词 manual 的缩写）可以对其进行查看，使用方式为 man cmd，其中 cmd 为希望查询的命令。相对于上网搜索或查询相关书籍，命令 man 的好处有两点：命令 man 输出的手册文档（图 2-9）信息较全、正式，且一般不存在错误；无须联网也无须再额外安装其他软件包即可直接在命令行中使用。

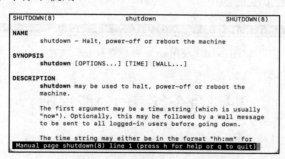

图 2-9　使用 man 浏览 shutdown 命令的手册

本书在介绍某些命令时，经常会使用类似 man 手册的格式来编写，目的就是让读者逐渐熟悉 man 手册的阅读方式。互联网上的资料质量参差不齐，但是 man 手册中的信息一般不会出错，希望各位读者在后续深入学习 Linux 的过程中，可以经常阅读命令的使用手册。

当使用 man 命令阅读命令使用手册时，它会在终端打开一个占据整个屏幕的文档浏览器，用户可以通过快捷键来控制这个浏览器（表 2-1）。例如，使用键盘上的向上、向下按键可以按行向上或向下滚动文档，按 q 键则会退出 man 浏览器并返回 Shell。

表 2-1　man 浏览器下常用的快捷键

快捷键	作用
q	退出浏览器（q 为 quit 的缩写）
f	向下翻一页（f 为 forward 的缩写）
b	向上翻一页（b 为 backward 的缩写）
k 或下箭头	向下移动一行
j 或上箭头	向上移动一行
/	在文档内搜索字符串
h	查看所有支持的快捷键（h 为 help 的缩写）

Linux 下另一种常用的系统文档是 info 文档（图 2-10），可以通过 info 命令查看。与 man 手册相比，info 文档一般更长，信息更为详尽，材料组织更为合理，且一般配有目录，更适合用户在学习过程中使用。如果只是为了简单查阅命令的使用方法，相比之下还是 man 手册更为精简。

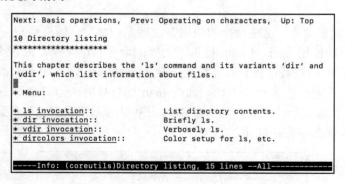

图 2-10　使用 info 命令查看 info 文档

2.4　命令行下的一般规则

2.4.1　命令格式

用户在命令行提示符后输入命令，然后按下回车键，将该行命令提交给 Shell 执行。

命令的一般格式为 cmd options arguments，其中，cmd 表示命令名，options 称为选项，arguments 称为参数，一个命令可以有多个选项和参数。命令名、不同的选项及参数之间需要使用至少一个空格间隔开。命令名一般对应一个可执行文件的文件名或 Shell 的内置函数名和命令别名（alias）等。本书将在后续章节中介绍 Shell 是如何解析命令名、如何根据命令名找到对应可执行程序的。

从命令的一般格式中可以看出，选项和参数都是位于命令名之后的字符串，不同的选项、参数依靠空格来区分。某些资料认为选项与参数本质上是一回事，选项是一种特殊的参数，从编程的角度来说确实如此，但是本书为了更好地描述命令的使用方式，将选项与参数做了一定的区分。

选项有两种格式，分别是短选项与长选项。

1）短选项格式。以一个"-"（英文的减号）开头，后紧跟一个英文字母，形如-n 或-n value（注意中间存在至少一个空格），其中，n 为选项名，value 为选项 n 的值。

2）长选项格式。以两个"-"开头，后紧跟一个英文单词，形如--name 或--name=value（注意等号两边不能含有空格），其中，name 为选项名，value 为选项 name 的值。

选项可以被类比为编程语言中变量的概念，选项名可以对应为变量名，如果选项有指定的值 value，那么该变量的值即为 value，如果没有为选项指定值，那么该变量的值为布尔型的真值（true）。对于-n 或--name 形式的选项，通常被读作某命令"开启了选项 n 或选项 name"，对于-n value 或--name=value 形式的选项，通常被读作某命令"具有选项 n 或选项 name 的值为 value"。

一个命令的多个短选项间可以缩写，如以下两种情况。

1）cmd -a -b -c 可以被缩写为 cmd -abc，也可以被缩写为 cmd -cba，多个无值短选项的选项名之间可以自由组合，一般都是等价的。

2）cmd -a -b v -c 可以被缩写为 cmd -acb v，注意，拥有值的短选项需要被写在缩写的最后一个位置上，这是因为短选项缩写后的值会被自动赋予到短选项缩写中最后一个字母代表的选项上。根据上述规则，多个有值短选项不能被缩写在一起，多个长选项之间也不存在缩写形式。

按照上述规则，表 2-2 给出了一些常见的命令格式举例。

表 2-2　常见的命令格式举例

命令	解释
uptime --pretty	命令名为 uptime，有一个长选项 pretty
ls -a /var	命令名为 ls，有一个短选项 a，有一个参数/var
ps -elf	命令名为 ps，有 3 个短选项：e、l 和 f
tar -zxvf a.tgz .	命令名为 tar，有 3 个无值短选项 z、x、v，有一个值为 a.tgz 的短选项 f（此选项只能放在最后），有一个参数"."
mount -t nfs /dev/sdd /mnt	命令名为 mount，有一个值为 nfs 的短选项 t，有两个参数分别为/dev/sdd 和/mnt

参数的概念相对好理解，如果命令名后被空格间隔开的字符串不属于选项的一部分，那么该字符串就是参数，参数没有参数名、参数值的概念，参数就是一个字符串。

这里有一种特殊情况，如果在命令最后一个短选项后有一个字符串，那么仅凭上述规则无法区分这个字符串到底是紧邻短选项的值，还是一个独立的参数。例如，表 2-2 中的 ls -a /var，表面上看，/var 既可以是短选项 a 的值，也可以是一个参数，遇到这种情况，用户只有查阅命令的相关文档，才能确定这一问题。

命令选项之间书写的顺序一般不会影响命令的意义，但是命令参数之间书写的顺序会影响命令的意义，如 cmd -a --name x y 也可以被写成 cmd --name -a x y，但是不能被写为 cmd -a --name y x。

这里需要说明的是， Linux 中的绝大部分命令是遵守上述格式规则的，但是该规则只是一种约定，并不是一种强制标准。在实际应用中，确实存在不遵守上述规则的命令。

2.4.2 命令行下的特殊字符

在命令行下用户输入的命令字符串中可能会出现一些表示特殊意义的符号，用户在使用时一定要注意这些符号（表 2-3）。大部分的特殊符号将在本书后续章节中介绍，此处只介绍和演示其中一些简单的符号。

表 2-3　命令行下的一些特殊符号

特殊符号	说明
;	命令分隔符，在一行命令行中可以使用分号顺序执行多个命令
#	注释，其后所有的内容都不会再被 Shell 执行
\	转义符，如\n 为空行。当此符号出现在命令行末时，表示换行，此时按回车键并不会将此行提交 Shell 执行
'cmd'	引用命令 cmd 执行后的输出内容，可以配合 Shell 变量一起使用
"str"	将引号中的内容看作一个整体，解析引号中的变量，可以配合 Shell 变量一起使用
&	将命令放置到系统后台执行
|	管道符号
>, <	重定向
$	引用 Shell 变量

在下面的演示中将用到命令 echo，该命令会将其后面所有的字符串打印到终端。配合其-e 选项，echo 会将其后的转义字符解析并输出，具体使用方法如下。

```
[root@localhost ~]# uname -a;cal
Linux localhost.localdomain 4.18.0-277.el8.x86_64 #1 SMP Wed Feb 3
20:35:19 UTC 2021 x86_64 x86_64 x86_64 GNU/Linux
     December 2021
Su Mo Tu We Th Fr Sa
          1  2  3  4
 5  6  7  8  9 10 11
12 13 14 15 16 17 18
19 20 21 22 23 24 25
26 27 28 29 30 31
```

```
[root@localhost ~]# # uptime

[root@localhost ~]# uptime \
> --pretty
up 1 day, 19 hours, 12 minutes

[root@localhost ~]# echo Hello, Linux user!
Hello, Linux user!

[root@localhost ~]# echo "Hello, \n Linux user!"
Hello, \n Linux user!

# 通过指定-e 选项，echo 会解析转义字符
[root@localhost ~]# echo -e "Hello, \nLinux user!"
Hello,
Linux user!
```

2.4.3　提高 Bash 的使用效率

　　有些初学者会认为图形界面比命令行更加方便、高效，因为通过鼠标简单地单击就可以完成任务，而在命令行下由于缺乏鼠标的支持，无法快速定位光标，需要多次敲击键盘才能完成相关工作。这一方面是由于初学者还没有记住常用命令的使用方式，另一方面是由于初学者不善于使用 Shell 内置的快捷键等辅助功能。

　　在快捷键等辅助功能的帮助下，原本需要多次敲击键盘才能输入的命令，现在仅仅需要敲击几次键盘就可以完成，极大地提高了用户在命令行下的工作效率。下面就介绍两种可以提高 Bash 使用效率的常用方法。

　　1. 光标移动

　　用户在命令行提示符后输入命令时，可以通过键盘上的向左、向右方向键移动光标，但是这种方式一次只能将光标移动一个位置。为了更加高效地移动光标，Bash 内置了很多辅助光标移动的快捷键，具体如表 2-4 所示。

　　学习这些快捷键可以帮助用户更加优雅、高效地使用 Linux 命令行，但是用户不应该只通过背诵的方式记住这些快捷键，只背诵而不使用是很难记住这些种类繁杂的快捷键的。快捷键的使用应当融入命令行的日常操作中，通过在平时学习和实验过程中的积极使用、多次练习来掌握这些快捷键的使用。

表 2-4　Bash 下常用的光标移动快捷键

快捷键	作用
Ctrl+A	将光标移到命令行首

快捷键	作用
Ctrl+E	将光标移到命令行尾
Alt+F	将光标按单词向前（即右方）移动
Alt+B	将光标按单词向后（即左方）移动
Ctrl+U	从光标处删除至命令行首
Ctrl+K	从光标处删除至命令行尾
Ctrl+W	从光标处删除至单词首
Alt+D	从光标处删除至单词尾

2. 命令历史

用户经常需要重复执行或者修改部分选项参数后再执行一些命令，最基本的方式就是将执行过的命令再输入一遍，这种方式无疑是枯燥且低效的，为此，Bash 提供了命令历史记录功能。Bash 会将用户提交（按回车键）的命令依次追加保存到命令历史记录文件（默认为~/.bash_history）的末尾，通过 history 命令可以方便地管理命令历史记录，具体使用方法如下。

```
[root@localhost ~]# history
1  ls
2  uname -a
3  history

[root@localhost ~]# date
Tue Feb 16 17:49:31 CST 2021

# 思考为何会多出第 4、5 行
[root@localhost ~]# history
1  ls
2  uname -a
3  history
4  date
5  history

# 显示最后若干行历史记录，行数可以通过"-n"形式指定，其中 n 为行数
[root@localhost ~]# history -5

# 清空历史记录
[root@localhost ~]# history -c
```

在命令历史记录功能的帮助下，用户通过一些快捷键（表 2-5）就能快速定位某个执行过的命令，并将其填充到当前行的命令提示符后。

表 2-5　Bash 下常用的命令历史记录快捷键

快捷键	作用
向上方向键	命令历史记录中的上一个命令
向下方向键	命令历史记录中的下一个命令
Ctrl+R	逆向搜索命令历史
!n	命令历史记录中的正数第 n 个命令
!-n	命令历史记录中的倒数第 n 个命令
!str	命令历史记录中的逆向搜索以 str 开头的命令

　　命令历史记录除了可以提高用户输入命令的效率，还在一定程度上起到了系统安全审计的作用：通过命令历史记录，可以发现用户曾输入过哪些命令。

3. 其他的一些快捷键

　　除了上述的两类快捷键，这里再介绍一下 Bash 中其他的一些常用快捷键（表 2-6）。

表 2-6　Bash 下其他的一些常用快捷键

快捷键	作用
Tab	补全命令或文件路径，该快捷键使用非常频繁
Ctrl+C	终止当前命令
Ctrl+D	一般会导致退出当前 Shell；如果当前 Shell 为登录 Shell，则返回登录界面或断开当前远程登录连接
Ctrl+L	清空屏幕，相当于删除命令

思考与练习

　　1. 终端和命令行 Shell 之间有何关系？

　　2. 哪些行为会导致 command not found 错误？如何避免？

　　3. 命令行 Shell 和图形化 Shell 的工作效率哪个更高？它们分别适合哪些工作场景？

　　4. 使用熟悉的编程语言，简单模拟 Shell 对命令行输入的解析功能，要求可以将输入的命令行字符串解析为命令名、选项和参数。

　　5. 练习使用本章中学习的 Bash 快捷键。

第3章 文件管理

3.1 文 件 树

3.1.1 Linux 中的文件

Linux 中的文件有很多种类型，最为常见的是普通文件和目录文件（或称文件夹）。普通文件本质上是保存在存储设备中的一段数据流，例如，文本、代码、二进制程序、图片、视频等都属于普通文件。目录是一种特殊类型的文件，与普通文件相比，目录不含有具体的文件内容，但可以包含其他子文件，目录本质上记录了其子文件的索引列表。在同一目录下，文件名不能重复。Linux 对文件名有一定的要求。

1）绝大部分文件系统要求文件名长度范围为 1～255 个字符。

2）文件名中不能出现"/"，这是因为在 Linux 中"/"被用作文件路径间隔符。

3）以英文句号"."开头的文件是隐藏文件。隐藏文件并不是一种特殊的文件类型，也不是文件的一个属性，它仅仅是一种"约定"，一些程序默认不列出隐藏文件（如本章后续会学到的 ls 命令）。

3.1.2 文件树简介

为了方便文件管理，Linux 系统使用树状结构来组织和管理其中的所有文件，即系统中的所有文件按照其目录层级形成了一个树状结构，称为文件树（图 3-1）。文件树的树根称为根目录（root directory），其路径为"/"，任何一个树节点均代表一个文件，其中所有的中间节点为目录文件，叶子节点为非目录类型的普通文件。

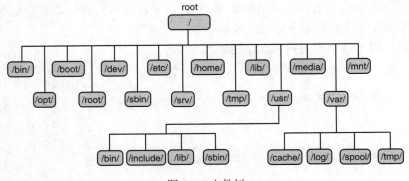

图 3-1　文件树

Linux 中的根目录有且仅有一个，不能被重命名、移动或删除。根目录由系统在每次启动时自动创建，不存放在任何存储设备上，其仅作为文件树的树根使用。根目录只有一个，一个系统的文件树也仅有一棵。由系统管理的所有文件都被"挂"在文件树中，根目录是所有文件的共同祖先节点，即所有文件的最上层目录为根目录。

3.1.3 文件路径

文件路径（path）是用来将文件在文件树中做定位的字符串，相当于文件在文件系统树中的"坐标"，用户可以使用文件路径来指代、表示一个文件。为了确定一个文件的路径，将其作为文件在文件树中的"坐标"，必须先选定一个"参照物"，根据这个参照物的不同，文件路径可分为两类：绝对路径与相对路径。

1. 绝对路径

绝对路径是参照根目录来定位文件的路径类型（图 3-2）。绝对路径总是以根目录开头，如/usr/bin、/var/log、/home 等。在文件树中，从根目录节点出发向下逐级访问任一目标文件节点的路径只有一条，用户可以使用这条路径来定位文件，将这条路径上所有节点的文件名按顺序使用文件路径间隔符"/"连接在一起形成字符串，即为该目标文件的绝对路径。一个文件有且仅有一种绝对路径的表示方法。

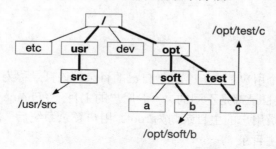

图 3-2 绝对路径的构建方法举例

需要注意的是，不管是绝对路径还是相对路径，目录对应路径末尾可以加上"/"也可以不加，但是对于非目录文件，其对应路径的末尾不能出现"/"。也就是说，如果某一个路径以"/"结尾，则表示其为一个目录对应的路径。

2. 相对路径

这里先解释一下当前工作目录（current working directory，CWD 或 WD）的概念。每个命令都需要以某个目录为环境来执行，这个目录称为当前工作目录，相当于"在工作目录中执行该命令"或"执行该命令的上下文环境"。

在 Shell 中，每个命令行都对应一个当前工作路径，用户可以通过 cd 命令切换当前工作路径，类似于在 Windows 的 Explorer 中通过双击文件夹图标进入了某个目录。通过 pwd 命令与默认的命令行提示符，均可以得到当前工作目录的绝对路径，具体使用方法如下。

```
# 切换当前工作目录到/opt，可以看到 pwd 命令的输出和命令行提示符均已改变
[root@localhost ~]  # cd /opt
[root@localhost opt] # pwd
/opt

# 切换当前工作目录到/var/log
[root@localhost opt] # cd /var/log
[root@localhost log] # pwd
/var/log
```

以绝对路径去表示一个文件有时不方便，其长度可能很长，因此提出了相对路径概念。相对路径是参照当前工作目录来定位文件的路径类型，它"相对"的是当前工作目录，表示从当前工作目录出发（而非根目录）访问目标文件的路径。相对路径不以根目录开头，所有不以根目录开头的路径都属于相对路径，如 src/hello.c、~/.bash_rc 等。

相对路径可以看成是绝对路径的一部分：当前工作目录的绝对路径 + 相对路径 = 绝对路径。当用户使用 Shell 时，当前工作路径总是已知的，因此用户总是可以将相对路径转换为绝对路径。

3.1.4　目录符号

1. 用户主目录

一般情况下，每个用户都有一个属于自己的目录，该目录称为用户主目录（也称家目录）。每个用户的主目录都是不同的。一般用户的主目录为/home/USER，其中，USER为用户名；系统管理员用户的主目录则为/root。用户登录系统后，默认情况下所处的当前工作目录为其用户主目录。

2. 目录符号

为了方便用户使用相对路径，Linux 中存在一些常用的目录符号，这些符号分别代表了某个对应的目录（表 3-1）。例如，~/.bash_history 表示当前用户主目录下的隐藏文件.bash_history，../../a.txt 表示上两层目录下的 a.txt 文件。

表 3-1　常用的目录符号

目录符号	作用
.	代表当前工作目录
..	代表当前工作目录的上层目录
~	代表当前登录用户的主目录
~USER	代表用户 USER 的主目录

3.1.5 文件系统层次结构标准

系统安装完毕后，用户会发现根目录下已经有了若干文件，如/etc 目录、/usr 目录、/home 目录等，而且对于大多数的 Linux 发行版，文件树的初始结构都是类似的。这是由于文件系统层次结构标准（filesystem hierarchy standard，FHS）规定了 Linux 文件树中的主要目录及其作用，其中一些重要的目录及其作用如表 3-2 所示。不同的 Linux 发行版都需要遵守 FHS 标准，因此不同 Linux 发行版的目录布局大体相似。FHS 标准由 Linux 基金会维护，其最新版本为 2015 年发布的 3.0 版本（https://refspecs.linuxfoundation.org/fhs.shtml）。

表 3-2　FHS 规定下的一些重要的目录及其作用

目录	作用
/etc	存放系统配置文件
/usr	存放系统工具和程序，注意 usr 不是 user 的缩写，而是 UNIX software resource 的缩写
/usr/bin	存放面向所有用户的可执行程序
/usr/sbin	存放面向管理员的可执行程序，如开启、重启等，一般需要管理员权限才能运行
/usr/src	存放系统软件的源代码
/usr/include	存放系统库的头文件
/bin	一般是/usr/bin 目录的软链接
/sbin	一般是/usr/sbin 目录的软链接
/var	存放变量文件，即在正常运行的系统中其内容不断变化的文件，如日志、脱机文件和临时电子邮件文件
/var/log	存放系统日志
/var/cache	存放系统缓存文件，重启后此目录不会自动清空
/lib	存放系统库文件
/boot	放置系统引导程序，Linux 内核的二进制文件就在此目录下，一般以 vmlinz 开头
/dev	存放设备文件
/home	非管理员用户的主目录一般在此目录下
/root	管理员的用户主目录
/opt	存放可选软件包，一般是某些第三方大型软件的安装目录
/tmp	存放系统临时文件的目录，一般重启后此目录会被自动清空
/proc、/sys	虚拟文件系统，存储了内核与进程状态，这些文件保存在内存中，由系统内核创建和维护
/media、/mnt	挂载目录。系统建议用来挂载媒体设备或其他额外的存储设备，如 U 盘和光盘等

3.2　基 本 命 令

3.2.1 切换当前工作目录

切换当前工作目录主要使用 cd 命令（命令 3-1）。切换工作目录后，用户就相当于进入了新的目录中，相对路径的计算也以新的工作目录为准。

命令 3-1   cd
名称 　　cd – 切换当前工作目录。 用法 　　cd [DIR] 参数 　　DIR 　　　　DIR 可以是目标目录的绝对或相对路径。如果 DIR 参数为空，则会切换到用户主目录；如果 DIR 为 "-"，则会切换到上一个工作目录，即使用 cd 命令进入当前目录上层的那个目录。

cd 命令的具体使用方法如下。

```
[root@localhost ~]  # cd /usr
[root@localhost usr] # pwd
/usr
[root@localhost usr] # cd /etc
[root@localhost etc] # pwd
/etc

# 会进入上一个工作目录，即/usr
[root@localhost etc] # cd -
/usr

# 如果参数为空，则会进入当前用户的主目录
[root@localhost usr] # cd
[root@localhost ~]  # pwd
/root

# 参数中可以使用包含特殊目录符号的相对路径
[root@localhost ~]  # cd ..
[root@localhost /]  # pwd
/
```

3.2.2　列出目录清单

目录中直接包含的子文件构成了目录清单。所谓列出目录清单，指的其实就是显示目录下包含子文件的列表，完成这个任务主要使用 ls 命令（命令 3-2）。ls -l 命令使用非常频繁，为此 CentOS 提供了该命令的缩写形式 ll（即第 4 章中介绍的 "命令别名"），ll 命令与 ls -l 命令的效果是一致的。

命令 3-2 ls

名称

    ls – 列出目录清单。

用法

    ls [OPTION]... [FILE]...

参数

    FILE

        如果该参数为目录，则显示目录下子文件列表（默认按照文件名增序排序）；如果该参数不是目录，则显示该参数对应的文件信息；如果用户不指定该参数，则会显示当前工作目录下的文件列表。

选项

    -a, --all

        显示包含隐藏文件在内的所有文件。

    -l

        使用长列表格式显示信息。使用 ls -l 输出的文件列表共有 7 列，分别为文件类型与权限、硬链接数（当前行对应的 inode 有多少个硬链接）、归属用户、归属群组、文件大小（默认以字节为单位）、最后修改时间和文件名。

    -i, --inode

        显示文件的 inode 索引编号。

    -h, --human-readable

        以对人类阅读友好的形式显示信息，与-l 选项一起使用，可将文件大小（默认以字节为单位）转换为合适的单位显示，如 KB、MB、GB 等。

    -d, --directory

        在 FILE 参数为目录时，如果指定此选项，则会显示目录自身信息，而不是其子文件列表。

    -S

        对文件列表按照文件大小进行降序排序后显示。

    -t

        按照文件创建时间降序排序后显示，即最新的文件排列在最前面。

    -r, --reverse

        将文件列表以逆序排列。

ls 命令的具体使用方法如下。

```
[root@localhost ~]# ls /
bin   dev  home  lib64 mnt  proc  run   srv  tmp  var
boot  etc  lib   media opt  root  sbin  sys  usr  yum-mirror

# 若无参数，则显示当前工作目录下的文件列表
[root@localhost ~]# ls
anaconda-ks.cfg

[root@localhost ~]# ls -l
total 8
-rw-------. 2 root root 1132 Feb 24  2021 anaconda-ks.cfg

# 若 ls 的参数为一个非目录文件，则显示该文件的信息
```

```
[root@localhost ~]# ls -l /etc/fstab
-rw-r--r--. 1 root root 620 Feb 26 2021 /etc/fstab

[root@localhost ~]# ls -l /usr/src
total 0
drwxr-xr-x. 2 root root 6 May 19 2020 debug
drwxr-xr-x. 2 root root 6 May 19 2020 kernels

# 若希望显示目录本身的信息而不是其子文件列表，需要指定-d选项
[root@localhost ~]# ls -ld /usr/src
drwxr-xr-x. 4 root root 34 Feb 24 2021 /usr/src

# 注意文件大小有了更易阅读的单位 K
[root@localhost ~]# ls -lh
total 8.0K
-rw-------. 2 root root 1.2K Feb 24 2021 anaconda-ks.cfg

# 显示所有文件，包括隐藏文件
[root@localhost ~]# ls -la
total 52
dr-xr-x---.  5 root root   250 Dec 20 20:21 .
dr-xr-xr-x.18 root root   262 Feb 26 2021  ..
-rw-------.  1 root root 16689 Dec 21 00:34 .bash_history
-rw-r--r--.  1 root root    18 May 11 2019 .bash_logout
-rw-r--r--.  1 root root   176 May 11 2019 .bash_profile
-rw-r--r--.  1 root root   176 May 11 2019 .bashrc
drwx------   3 root root    17 Mar 28 2021 .cache
drwx------   3 root root    20 Jun  3 2021 .config
-rw-r--r--.  1 root root   100 May 11 2019 .cshrc
-rw-------   1 root root     0 Mar 28 2021 .python_history
drwx------   2 root root    29 Dec 20 19:04 .ssh
-rw-r--r--.  1 root root   129 May 11 2019 .tcshrc
-rw-r--r--   1 root root   183 Mar 10 2021 .wget-hsts
-rw-------.  2 root root  1132 Feb 24 2021 anaconda-ks .cfg

# 以文件大小逆序排序
[root@localhost ~]# ls -lhS /var/log
total 13M
-rw-r--r-- 1 root root 1.0M Dec  2 16:40 dnf.log
-rw-r--r-- 1 root root 840K Dec 21 08:06 dnf.librepo.log
-rw------- 1 root root 580K Nov 28 03:05 cron-20211128
```

```
-rw-r--r--  1 root root 413K  Dec    21   08:06    dnf.log
```

```
# 以文件大小正序排序
[root@localhost ~]# ls -lhSr /var/log
total 13M
-rw-r--r--  1 root root  360  Dec  12 21:19   hawkey.log-20211220
-rw-rw----  1 root utmp  384  Dec  20 22:27   btmp
-rw-r--r--  1 root root  480  Dec  21 06:14   hawkey.log
-rw-------  1 root root  846  Dec  20 16:49   secure-20211220
```

3.2.3　创建与删除文件

1. 创建文件

创建一个空的文本文件可以使用 touch 命令，创建一个目录可以使用 mkdir 命令。这两个命令相对简单，具体使用方法如下。

```
# 创建一个空文件
[root@localhost ~]# touch newfile

#创建一个空目录
[root@localhost ~]# mkdir newdir
[root@localhost ~]# ll
total 4
-rw-------. 1 root root 1132 Feb  24  2021    anaconda-ks.cfg
drwxr-xr-x  2 root root    6 Dec  21 12:17    newdir
-rw-r--r--  1 root root    0 Dec  21 12:16    newfile

# 注意，在父目录不存在的情况下，无法创建子目录。如 x 目录不存在，创建 y 目录也会失败
[root@localhost ~]# mkdir x/y
mkdir: cannot create directory 'x/y': No such file or directory

# 使用-p 选项可以解决上述问题，指定-p 选项时，会自动创建不存在的父目录
[root@localhost ~]# mkdir -p x/y
[root@localhost ~]# ll x
total 0
drwxr-xr-x 2 root root 6 Dec 21 12:19 y
```

2. 删除文件

删除文件可以使用 rm 命令（命令 3-3），删除空目录可以使用 rmdir 命令。在实际工作场景中，多使用 rm 命令，因为该命令可以删除所有类型的文件。

命令 3-3　rm

名称

　　rm – 删除文件。

用法

　　rm [OPTION]... FILE...

参数

　　FILE

　　　　FILE 可以为多个文件，此时会将这些文件全部删除。

选项

　　-f, --force

　　　　默认情况下，删除文件时会让用户确认是否删除，如果指定了此参数，则不会提示任何信息，直接删除文件。

　　-r, -R, --recursive

　　　　循环删除，不仅会删除目录本身，还会删除其所有子文件。删除目录时必须指定此选项。

　　-v, --verbose

　　　　会将删除的文件显示在终端中。

---

rm 命令的具体使用方法如下。

```
# 删除文件，注意默认情况下会让用户确认是否删除，如果确认，输入 y 并按回车键
[root@localhost ~]# rm newfile
rm: remove regular empty file 'newfile'? y

# 不提示任何信息，直接删除文件
[root@localhost ~]# rm -f newfile2

# rm 不加任何选项时，不可以删除目录
[root@localhost ~]# rm newdir
rm: cannot remove 'newdir': Is a directory

# 可以使用 rmdir 命令删除空目录
[root@localhost ~]# rmdir newdir
rm: remove directory 'newdir'? y

[root@localhost ~]# ll
total 4
-rw-------. 1 root root 1132 Feb  24  2021     anaconda-ks.cfg
drwxr-xr-x  3 root root   15 Dec  21 12:19 x
drwxr-xr-x  3 root root   15 Dec  21 12:19 m

# 使用 rmdir 命令删除非空目录时会报错
[root@localhost ~]# rmdir x
rmdir: failed to remove 'x': Directory not empty
```

```
# 可以使用 rm -r 删除非空目录
[root@localhost ~]# rm -r x
rm: descend into directory 'x'? y
rm: remove directory 'x/y'? y
rm: remove directory 'x'? y


# rm -rf 可以删除普通文件和非空目录，此时不会有任何提醒，相对方便，但是不太安全
[root@localhost ~]# rm -rf m
```

　　删除文件是一项需要用户小心谨慎地去完成的任务，以免造成不当操作，引起系统安全事故。尤其对于 rm -rf 这种不带确认提醒的"万能"删除命令，在 Linux 中，一般只要用户拥有足够权限，此命令就可以删除任何文件，包括一些重要的系统文件。一旦用户错删文件，则很难找回，命令行界面下默认没有像 Windows 桌面上回收站一类的机制。

　　例如，在 2011 年时，著名的开源项目 Bumblebee 就出现了"空格"bug，如图 3-3 所示，图中减号开头的行为出现 bug 的行，加号开头的行为修复完 bug 的行。这个 bug 造成了用户文件的意外删除，最终会使用户系统瘫痪：原本需要删除的目录路径为/usr/lib/nvidia-current/xorg/xorg，但是由于开发人员粗心，在/usr 后多加了一个空格，导致最终被删除的目录为/usr 与/lib/nvidia-current/xorg/xorg，其中/usr 是系统运行所依赖的重要目录。

```
@@ -348,7 +348,7 @@ case "$DISTRO" in
-   rm -rf /usr█/lib/nvidia-current/xorg/xorg
+   rm -rf /usr/lib/nvidia-current/xorg/xorg
```

图 3-3　Bumblebee 项目中曾出现的"空格"bug

3.2.4　复制和移动文件

1. 复制文件

　　复制文件可以使用 cp 命令（命令 3-4），复制后的文件与源文件拥有相同的内容，但它们是两个独立存在的文件。

命令 3-4　cp
名称
cp – 复制文件。
用法
cp [OPTION]... SOURCE DEST
cp [OPTION]... SOURCE... DIR
参数
SOURCE, DEST
如果 DEST 参数是一个已存在的目录，则将文件 SOURCE 复制到目录 DEST 下；否则，将文件 SOURCE 复

制到新的路径 DEST 上（若路径 DEST 已存在文件，则会覆盖此文件）。

SOURCE, DIR

当命令含有多于两个参数时，应用此格式，此时将这些文件复制到 DIR 目录下。区分这两个参数的方法是除了最后一个参数为 DIR，前面其他的参数均属于 SOURCES。

当参数 SOURCE 或 SOURCES 中含有目录时，必须指定-r 选项。

选项

-f, --force

默认情况下，如果在复制过程中会覆盖某些文件，那么系统会让用户确认是否覆盖这些文件，如果指定了此参数，则不会提示任何信息，直接进行文件复制。

-r, -R, --recursive

循环复制，即不仅会复制目录本身，还会复制其所有子文件。复制目录时，必须指定此选项。

cp 命令的具体使用方法如下。

```
[root@localhost ~]# ll
total 0
-rw-r--r-- 1 root root 0 Dec 21 14:54 a
-rw-r--r-- 1 root root 0 Dec 21 14:54 b
drwxr-xr-x 2 root root 6 Dec 21 14:54 dir

# 由于第二个参数 dir 为已存在的目录，因此该命令会将文件 a 复制到目录 dir 下
[root@localhost ~]# cp a dir
[root@localhost ~]# ll dir
total 0
-rw-r--r-- 1 root root 0 Dec 21 14:56 a

# 由于第二个参数 x 不是已存在的目录，因此该命令会将文件 a 复制为文件 x
[root@localhost ~]# cp a x
[root@localhost ~]# ll
total 0
-rw-r--r--  1 root  root   0  Dec  21  14:54 a
-rw-r--r--  1 root  root   0  Dec  21  14:56 b
drwxr-xr-x  2 root  root  24  Dec  21  14:57 dir
-rw-r--r--  1 root  root   0  Dec  21  15:03 x

# 由于 cp 有 3 个参数，因此该命令会将文件 a、文件 b 复制到目录 dir 下
# 由于目录 dir 下已存在文件 a，因此 cp 命令会让用户确认是否覆盖该文件
[root@localhost ~]# cp a b dir
cp: overwrite 'dir/a'? y
[root@localhost ~]# ll dir
total 0
-rw-r--r-- 1 root root 0 Dec 21 14:57 a
-rw-r--r-- 1 root root 0 Dec 21 14:57 b
```

```
# 当 cp 有多于两个参数时，最后一个参数必须为已存在的目录
[root@localhost ~]# cp a b m
cp: target 'm' is not a directory
```

2. 移动和重命名文件

在 Linux 中，将文件从一个路径移动（也称剪切）到另一个路径或者重命名文件时，均可以使用 mv 命令（命令 3-5）完成，其使用逻辑与命令 cp 类似。

命令 3-5　mv

名称

　　mv – 移动或重命名文件。

用法

　　mv [OPTION]... SOURCE DEST

　　mv [OPTION]... SOURCE... DIR

参数

　　SOURCE, DEST

　　　　如果 DEST 参数是一个已存在的目录，则将文件 SOURCE 移动到目录 DEST 下；否则，则将文件 SOURCE 移动到新的路径 DEST 上（若路径 DEST 已存在文件，则会覆盖此文件）。

　　SOURCE, DIR

　　　　当命令含有多于两个参数时，应用此格式，此时将这些文件移动到目录 DIR 下。区分这两个参数的方法是除了最后一个参数为 DIR，前面其他的参数均属于 SOURCES。

选项

　　-f, --force

　　　　默认情况下，如果在移动过程中会覆盖某些文件，那么系统会让用户确认是否覆盖这些文件，如果指定了此参数，则不会提示任何信息，直接进行文件移动。

mv 命令的具体使用方法如下。

```
[root@localhost ~]# ll
total 0
-rw-r--r-- 1 root root 0 Dec 21 15:19 a
drwxr-xr-x 2 root root 6 Dec 21 15:19 dir

# 由于第二个参数 dir 为已存在的目录，因此该命令会将文件 a 移动到目录 dir 下
[root@localhost ~]# mv a dir
[root@localhost ~]# ll dir
total 0
-rw-r--r-- 1 root root 0 Dec 21 15:19 a

# 由于第二个参数 b 不是已存在的目录，因此该命令会将文件 a 移动到新的路径 b 上
[root@localhost ~]# mv dir/a b
```

```
[root@localhost ~]# ll
total 0
-rw-r--r-- 1 root root 0 Dec 21 15:19 b
drwxr-xr-x 2 root root 6 Dec 21 15:20 dir

# mv 有 3 个参数，所以该命令会将文件 b、文件 x 移动到目录 dir 下
[root@localhost ~]# touch x
[root@localhost ~]# mv b x dir
[root@localhost ~]# ll dir
total 0
-rw-r--r-- 1 root root 0 Dec 21 15:19 b
-rw-r--r-- 1 root root 0 Dec 21 15:20 x

# 将文件移动到当前目录下的新路径上，即重命名
# mv 命令可以直接移动目录，不需要指定额外选项
[root@localhost ~]# mv dir newdir
[root@localhost ~]# ll
total 0
drwxr-xr-x 2 root root 24 Dec 21 15:20 newdir
```

3.2.5 统计目录的硬盘空间占用

使用 du 命令（命令 3-6）可以统计某目录下所有子文件的总大小，即某目录下的存储空间占用情况。

<table>
<tr><td colspan="2" align="center">命令 3-6 du</td></tr>
<tr><td colspan="2">名称
　　du – 统计目录的硬盘空间占用情况。</td></tr>
<tr><td colspan="2">用法
　　mv [OPTION]... FILE...</td></tr>
<tr><td colspan="2">参数
　　FILE
　　　　当 FILE 为目录时，该参数代表需要统计信息的目标目录路径；当 FILE 为普通文件时，直接显示文件的大小。</td></tr>
<tr><td colspan="2">选项
　　-a, --all
　　　　默认只显示目录的空间占用情况，开启此选项后，目录与普通文件的空间占用情况都会被显示。
　　-b, --bytes
　　　　以字节为单位显示空间占用情况（默认以 KB 为单位）。
　　-h, --human-readable
　　　　以人类容易阅读的方式显示空间占用大小，开启此选项后，将转换为合适的单位后进行显示。
　　-d N, --max-depth=N
　　　　默认情况下，将以递归的方式统计目录下每个子目录的硬盘占用情况，指定此选项后，将最多递归地显示 N 层目录的相关信息。当 N=0 时，该选项的作用与-s 选项一致。
　　-s, --summarize
　　　　只显示参数 FILE 目录自身的硬盘空间占用情况。</td></tr>
</table>

du 命令的具体使用方法如下。

```
[root@localhost ~]# du /var/log
0    /var/log/private
19004    /var/log/audit
32    /var/log/sssd
60    /var/log/tuned
0    /var/log/qemu-ga
3808    /var/log/anaconda
84    /var/log/nginx
14420    /var/log/sa
50676    /var/log
# 思考为什么本命令会报错
[root@localhost ~]# du -dh 1 /var
du: invalid maximum depth 'h'
Try 'du --help' for more information.

# 统计/var 目录下最多一层子目录的空间占用情况
[root@localhost ~]# du -hd 1 /var
137M    /var/lib
50M    /var/log
102M    /var/cache
0    /var/adm
0    /var/db
0    /var/empty
0    /var/ftp
0    /var/games
0    /var/gopher
0    /var/local
0    /var/nis
0    /var/opt
0    /var/preserve
12K    /var/spool
0    /var/tmp
0    /var/yp
0    /var/kerberos
0    /var/crash
288M    /var

# 常用命令，用于直接统计某目录大小
[root@localhost ~]# du -sh /var/log
```

```
50M     /var/log

# 子目录与普通文件的空间大小均被显示
[root@localhost ~]# du -ahd 1 ~
4.0K    /root/.bash_logout
4.0K    /root/.cshrc
4.0K    /root/.tcshrc
16K     /root/.bash_history
4.0K    /root/.wget-hsts
0       /root/.python_history
48K     /root/.cache
0       /root/.config
4.0K    /root/.ssh
12K     /root/.a.swp
4.0K    /root/.bashrc
4.0K    /root/.bash_profile
16K     /root/mybindir
4.0K    /root/err.txt
4.0K    /root/out.txt
4.0K    /root/a.txt
132K    /root
```

3.2.6 查看文件的时间属性

文件的时间属性包括创建时间、访问时间、修改时间、状态改动时间，其区别如下。

1）创建时间（creation time，crtime）：创建文件的时间，此时间一般不会改变。

2）访问时间（access time，atime）：当"读取文件数据内容"时，此时间会改变。

3）修改时间（modify time，mtime）：当更改文件的"数据内容"时，会更新这个时间。数据内容指的是文件的内容，而不是文件的属性。命令 ls -l 中列出的时间就是此时间。

4）状态改动时间（change time，ctime）：当更改文件的"状态属性"时，就会更新这个时间，如更改了文件权限。

使用命令 touch 可以刷新文件的访问时间、修改时间和状态改动时间。使用命令 stat 可以查看上述时间属性，注意命令 stat、ls 不会改变文件的上述时间，具体使用方法如下。

```
# 创建文件 a
[root@host1 ~]# touch a
[root@host1 ~]# stat a
  File: a
  Size: 0        Blocks: 0       IO Block: 4096   regular empty file
```

```
Device: fd00h/64768d Inode: 67154451    Links: 1
Access: (0644/-rw-r--r--) Uid: (    0/    root) Gid: (    0/    root)
Access: 2022-01-13 14:38:42.580462934 +0800
Modify: 2022-01-13 14:38:42.580462934 +0800
Change: 2022-01-13 14:38:42.580462934 +0800
 Birth: -
```

```
# 通过命令 touch 可以刷新文件的访问时间、修改时间和状态改动时间
[root@host1 ~]# touch a
[root@host1 ~]# stat a
  File: a
  Size: 4        Blocks: 8        IO Block: 4096   regular file
Device: fd00h/64768d Inode: 67154451    Links: 1
Access: (0644/-rw-r--r--) Uid: (    0/    root) Gid: (    0/    root)
Access: 2022-01-13 14:40:15.162871411 +0800
Modify: 2022-01-13 14:40:15.162871411 +0800
Change: 2022-01-13 14:40:15.162871411 +0800
 Birth: -
```

```
# 写入文件内容，既会刷新文件的修改时间，也会刷新文件的状态改动时间，因为此时文件
# 大小发生了改变
[root@host1 ~]# echo 111 > a
[root@host1 ~]# stat a
  File: a
  Size: 4        Blocks: 8        IO Block: 4096   regular file
Device: fd00h/64768d Inode: 67154451    Links: 1
Access: (0644/-rw-r--r--) Uid: (    0/    root) Gid: (    0/    root)
Access: 2022-01-13 14:40:15.162871411 +0800
Modify: 2022-01-13 14:40:35.065957697 +0800
Change: 2022-01-13 14:40:35.065957697 +0800
 Birth: -
```

```
# 改动文件的权限，会刷新文件的状态改动时间
[root@host1 ~]# chmod +x a
[root@host1 ~]# stat a
  File: a
  Size: 4        Blocks: 8        IO Block: 4096   regular file
Device: fd00h/64768d Inode: 67154451    Links: 1
Access: (0755/-rwxr-xr-x) Uid: (    0/    root) Gid: (    0/    root)
Access: 2022-01-13 14:40:15.162871411 +0800
Modify: 2022-01-13 14:40:35.065957697 +0800
Change: 2022-01-13 14:41:14.388126732 +0800
 Birth: -
```

```
# cat 命令读取文件内容时，会打开文件，所以会刷新文件的访问时间
[root@host1 ~]# cat a
111
[root@host1 ~]# stat a
  File: a
  Size: 4         Blocks: 8         IO Block: 4096   regular file
Device: fd00h/64768d Inode: 67154451    Links: 1
Access: (0755/-rwxr-xr-x) Uid: (    0/    root) Gid: (    0/    root)
Access: 2022-01-13 14:42:03.835336765 +0800
Modify: 2022-01-13 14:40:35.065957697 +0800
Change: 2022-01-13 14:41:14.388126732 +0800
 Birth: -


# ls、stat 命令不会改变文件的时间属性
[root@host1 ~]# ls a
a
[root@host1 ~]# stat a
  File: a
  Size: 4         Blocks: 8         IO Block: 4096   regular file
Device: fd00h/64768d Inode: 67154451    Links: 1
Access: (0755/-rwxr-xr-x) Uid: (    0/    root) Gid: (    0/    root)
Access: 2022-01-13 14:42:03.835336765 +0800
Modify: 2022-01-13 14:40:35.065957697 +0800
Change: 2022-01-13 14:41:14.388126732 +0800
 Birth: -


# 复制文件时，默认不会改变源文件的时间属性
[root@host1 ~]# cp a b
[root@host1 ~]# stat a
  File: a
  Size: 4         Blocks: 8         IO Block: 4096   regular file
Device: fd00h/64768d Inode: 67154451    Links: 1
Access: (0755/-rwxr-xr-x) Uid: (    0/    root) Gid: (    0/    root)
Access: 2022-01-13 14:42:03.835336765 +0800
Modify: 2022-01-13 14:40:35.065957697 +0800
Change: 2022-01-13 14:41:14.388126732 +0800
 Birth: -


# 移动文件时，默认不会改变文件的时间属性
[root@host1 ~]# mv a c
[root@host1 ~]# stat c
```

```
 File: c
 Size: 4          Blocks: 8          IO Block: 4096   regular file
Device: fd00h/64768d Inode: 67154451    Links: 1
Access: (0755/-rwxr-xr-x)  Uid: (    0/    root)  Gid: (    0/    root)
Access: 2022-01-13 14:42:03.835336765 +0800
Modify: 2022-01-13 14:40:35.065957697 +0800
Change: 2022-01-13 14:46:59.808547692 +0800
 Birth: -
```

3.3 文本文件处理

3.3.1 显示内容

文本文件（text file）是 Linux 下最常用的文件，指由字符原生编码构成的二进制计算机文件，与富文本（如 Office Word 文档等）相比，其不包含字样样式的控制元素，能够被最简单的文本编辑器直接读取。例如，系统配置、脚本、源代码等都属于文本文件，因此文本文件的相关操作较为重要。有很多命令可以在终端中显示文本文件，这里主要介绍 cat、head、tail 和 less 命令。其区别如下。

1）cat 命令会将文本文件的所有内容一次性显示到终端中。

2）head 命令和 tail 命令分别用于打印文本文件的前若干行和后若干行。

3）less 命令是一款交互式的命令行文本文件阅读器，在运行过程中会占据终端，将文本文件分屏（或称分页）显示，且支持很多导航快捷键（表 3-3）。一般对于不长的文本文件，可以使用 cat 命令查看；对于大文件，建议使用 less 命令查看。

表 3-3 less 命令下的导航快捷键

快捷键	作用
上箭头或 j	向上滚动一行
下箭头或 k	向下滚动一行
Ctrl+B	向上（文档的前部）滚动一屏
Ctrl+F	向下（文档的后部）滚动一屏
Ctrl+U	向上（文档的前部）滚动半屏
Ctrl+D	向下（文档的后部）滚动半屏
/str	在文档中搜索 str 字符串
q	退出 less 命令

上述命令的具体使用方法如下。

```
# 此命令可以查看当前 CentOS 或 RHEL 的版本信息
[root@localhost ~]# cat /etc/redhat-release
CentOS Stream release 8
```

```
# 显示文件的前若干行，默认为 10 行
[root@localhost ~]# head /etc/passwd
root:x:0:0:root:/root:/bin/bash
bin:x:1:1:bin:/bin:/sbin/nologin
daemon:x:2:2:daemon:/sbin:/sbin/nologin
adm:x:3:4:adm:/var/adm:/sbin/nologin
lp:x:4:7:lp:/var/spool/lpd:/sbin/nologin
sync:x:5:0:sync:/sbin:/bin/sync
shutdown:x:6:0:shutdown:/sbin:/sbin/shutdown
halt:x:7:0:halt:/sbin:/sbin/halt
mail:x:8:12:mail:/var/spool/mail:/sbin/nologin
operator:x:11:0:operator:/root:/sbin/nologin

# 通过-n 可以指定显示行数，其中 n 为需要显示的行数
[root@localhost ~]# head -3 /etc/passwd
root:x:0:0:root:/root:/bin/bash
bin:x:1:1:bin:/bin:/sbin/nologin
daemon:x:2:2:daemon:/sbin:/sbin/nologin

# 显示文件的后若干行，默认为 10 行
[root@localhost ~]# tail /etc/passwd
unbound:x:997:994:Unbound DNS resolver:/etc/unbound:/sbin/nologin
setroubleshoot:x:996:993::/var/lib/setroubleshoot:/sbin/nologin
sssd:x:995:992:User for sssd:/:/sbin/nologin
clevis:x:994:991:Clevis Decryption Framework unprivileged user:/var/
cache/clevis:/sbin/nologin
cockpit-ws:x:993:990:User for cockpit web service:/nonexisting:/sbin/
nologin
cockpit-wsinstance:x:992:989:User for cockpit-ws instances:/nonexisting:
/sbin/nologin
sshd:x:74:74:Privilege-separated SSH:/var/empty/sshd:/sbin/nologin
nginx:x:991:988:Nginx web server:/var/lib/nginx:/sbin/nologin
chrony:x:990:987::/var/lib/chrony:/sbin/nologin
systemd-timesync:x:989:986:systemd Time Synchronization:/:/sbin/nologin

# 通过-n 可以指定显示行数，其中 n 为需要显示的行数
[root@localhost ~]# tail -3 /etc/passwd
nginx:x:991:988:Nginx web server:/var/lib/nginx:/sbin/nologin
chrony:x:990:987::/var/lib/chrony:/sbin/nologin
systemd-timesync:x:989:986:systemd Time Synchronization:/:/sbin/nologin
```

```
# tail 命令的选项-f：会使命令持续运行（可以通过 Ctrl+C 快捷键退出），当文件被追
# 加内容后，会在终端显示追加的新内容
[root@localhost ~]# tail -f /var/log/messages
Dec 21 18:17:42 localhost systemd[1]: session-18.scope: Succeeded.
Dec 21 18:17:42 localhost systemd-logind[816]: Session 18 logged out.
Waiting for processes to exit.
Dec 21 18:17:42 localhost systemd-logind[816]: Removed session 18.
Dec 21 18:20:10 localhost systemd[1]: Starting system activity
accounting tool...
Dec 21 18:20:10 localhost systemd[1]: sysstat-collect.service:
Succeeded.
Dec 21 18:20:10 localhost systemd[1]: Started system activity
accounting tool.
Dec 21 18:23:13 localhost systemd[1]: Started Session 19 of user root.
Dec 21 18:23:13 localhost systemd-logind[816]: New session 19 of user
root.
Dec 21 18:23:43 localhost systemd[1]: Started Session 20 of user root.
Dec 21 18:23:43 localhost systemd-logind[816]: New session 20 of user
root.

# less 运行后会一直占据终端，直到使用快捷键 q 退出
[root@localhost ~]# less /etc/security/limits.conf
```

3.3.2　行过滤

行过滤指的是依照特定条件按行搜索文本文件，并将符合条件的行打印出来。grep 命令（命令 3-7）是一种常用的行过滤命令，功能非常强大，可以将普通字符串、通配符或正则表达式作为查询条件。默认情况下，grep 在输出行时，会将其中符合查询条件的字符串高亮显示。

命令 3-7　grep
名称 　　grep – 打印符合条件的行。 用法 　　grep [OPTION]... PATTERN [FILE] ... 参数 　　**PATTERN** 　　　　匹配条件，可以是普通字符串、通配符或正则表达式。 　　**FILE** 　　　　搜索的目标文件，可以是一个或多个文件。如果不提供此参数，grep 将从标准输入中读取内容搜索。 选项 　　-i, --ignore-case

　　忽略匹配条件中字母的大小写，即大小写字母均可匹配。如果不指定此选项，则搜索时不忽略字母大小写。
-n, --line-number
　　打印匹配行在文件中的行号（从 1 开始计数）。
-R, -r, --recursive
　　会递归地搜索参数 FILE 对应目录下的所有子文件。
-c, --count
　　打印匹配行的总数，而不是打印具体的匹配行。
-v，--invert-match
　　显示不包含匹配文本的所有行（相当于求反）。

　　grep 命令的具体使用方法如下。

```
[root@localhost ~]# cat dir/a
abc def 123
hello
world

[root@localhost ~]# cat dir/b
1234567
Hello Linux 123!
World

# 搜索含有 hello 的行
[root@localhost ~]# grep  hello dir/a
hello

# 显示匹配行的行号
[root@localhost ~]# grep -n 123 dir/b
1:1234567
2:Hello Linux 123!

# 查询条件中字母大小写敏感，所以没有匹配行
[root@localhost ~]# grep  Hello dir/a

# 通过指定-i 参数，使查询条件中字母大小写不敏感
[root@localhost ~]# grep -i Hello dir/a
hello

# 当目标文件为目录时，需要指定-R 参数
[root@localhost ~]# grep Hello dir
grep: dir: Is a directory

[root@localhost ~]# grep -R Hello dir
dir/b:Hello Linux 123!
```

```
# 打印每个文件中匹配的行数
[root@localhost ~]# grep -R 123 -c dir/
dir/a:1
dir/b:2

# 显示/etc/passwd 中不含有 nologin 字符串的行
[root@localhost ~]# grep -v nologin /etc/passwd
root:x:0:0:root:/root:/bin/bash
sync:x:5:0:sync:/sbin:/bin/sync
shutdown:x:6:0:shutdown:/sbin:/sbin/shutdown
halt:x:7:0:halt:/sbin:/sbin/halt
```

3.3.3 统计信息

wc 命令（命令 3-8）可以用于统计文本文件的行数、字符数、字节数等信息，在使用此命令时如果不加任何参数，将按照行数、单词数、字节数的顺序显示相关信息。

命令 3-8　wc
名称
wc – 统计文件的行数、单词数、字节数、字符数等信息。
用法
wc [OPTION]... [FILE] ...
参数
FILE
需要统计的目标文件。
选项
-c, --bytes
统计并显示文件的字节数。
-m, --chars
统计并显示文件的字符数。
-l, --lines
统计并显示文件的行数。
-w, --words
统计并显示文件的单词数（以空格间隔的字符串被视作一个单词）。
-v, --invert-match
显示不包含匹配文本的所有行（相当于求反）。

wc 命令的具体使用方法如下。

```
[root@localhost ~]# cat a.txt
Hello, World!

# 输出内容的前 3 个数分别为文件的行数、单词数、字节数
[root@localhost ~]# wc a.txt
```

```
 1  2 14 a.txt

[root@localhost ~]# wc -l a.txt
1 a.txt

[root@localhost ~]# wc -w a.txt
2 a.txt

[root@localhost ~]# wc -c a.txt
14 a.txt
```

3.3.4　nano 编辑器

nano 编辑器[①]是一款非常容易学习、使用的文本文件编辑器（图 3-4），该软件属于
GNU 计划，大部分发行版都会预装此编辑器。相比于其他命令行下的文本文件编辑器（如
Vim、Emacs 等），nano 最为突出的特点就是容易学习、容易使用，类似于 Windows 中
的记事本，即使没有专门学过 nano 的用户，也基本可以使用它编辑文本文件。

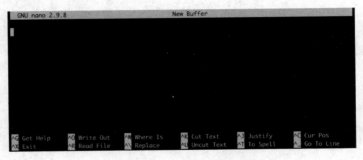

图 3-4　使用 nano 编辑器编辑新文件

由于命令行界面缺乏鼠标的支持，所以用户只能使用快捷键等方式控制 nano 等命
令行下的编辑器。使用命令 nano file 可以进入 nano，其中 file 为文件路径。如果该文件
存在，nano 会直接打开该文件；如果不存在，则会打开一个空白文件。进入 nano 后，
用户可以通过键盘的上、下、左、右键控制光标位置，并直接使用键盘在光标处编辑字
符，另外一些相对复杂的功能则需要使用快捷键（表 3-4）。

表 3-4　nano 编辑器中常用的快捷键

分类	快捷键	作用
保存和退出	Ctrl+X	退出编辑器，如果文件被更改，会让用户选择是否保存文件
	Ctrl+S	保存当前文件
	Ctrl+O	另存为

---

① 如果 CentOS 中没有安装，则需要用户手动安装软件包 nano: dnf install nano。

分类	快捷键	作用
搜索字符串	Ctrl+W	搜索字符串
	Alt+W	切换到下一个搜索结果，配合搜索快捷键使用
	Alt+R	搜索和替换
光标移动	Ctrl+A	将光标移动到行首
	Ctrl+E	将光标移动到行尾
	Alt+\	将光标移动到文件首部
	Alt+/	将光标移动到文件末尾
	Alt+G	将光标按行号移动到指定行
杂项	Alt+N	打开行号
	Alt+Del	删除当前行
	Alt+3	对本行加注释（在行首加 "#"）/取消注释
	Alt+U	取消上一步操作
	Alt+E	重复上一步操作
	Ctrl+G	查看所有快捷键的帮助信息

3.4 文 件 类 型

3.4.1 主要文件类型

Linux 具有 "一切皆文件"（everything is a file）的设计思想，它不光把普通文件与目录抽象成 "文件"，还把凡是支持数据读取和写入操作的事物都抽象为文件，如硬件设备、网络套接字等。这样做的好处是简化了操作系统的设计，屏蔽了硬件设备的区别，维护了读写操作的一致性，提供统一的读写接口给用户使用。

Linux 中的主要文件类型如表 3-5 所示，在 ls -l 命令的输出结果中，第一列的第一个字母为该文件的文件类型代号。使用 file、ls 和 stat 命令均可查看文件类型。

表 3-5 Linux 中的主要文件类型

代号	文件类型
-	普通文件（regular file）
d	目录（directory）
l	符号连接（symbolic link 或 symlink）
c	字符设备（character device）
b	块设备（block device）
s	套接字（socket）
p	命名管道（named pipe）

相关命令的基本使用方法如下。

```
[root@localhost ~]# file /dev/sda
```

```
/dev/sda: block special (8/0)

[root@localhost ~]# file .bash_history
.bash_history: ASCII text

# 通过每行输出的首字母查看文件类型
[root@localhost ~]# ls -l /dev/tty*
crw-rw-rw- 1 root tty 5,  0 Dec 19 14:26 /dev/tty
crw--w---- 1 root tty 4,  0 Dec  9 10:51 /dev/tty0
crw--w---- 1 root tty 4,  1 Dec  9 10:51 /dev/tty1
crw--w---- 1 root tty 4, 10 Dec  9 10:51 /dev/tty10
crw--w---- 1 root tty 4, 11 Dec  9 10:51 /dev/tty11

# 命令输出第二行的最后一列显示文件类型
[root@localhost ~]# stat /bin
  File: /bin -> usr/bin
  Size: 7          Blocks: 0          IO Block: 4096   symbolic link
Device: 8,2   Inode: 140        Links: 1
Access: (0777/lrwxrwxrwx)  Uid: (    0/    root)  Gid: (    0/    root)
Access: 2021-12-20 10:54:46.713466239 +0800
Modify: 2021-11-11 17:14:30.000000000 +0800
Change: 2021-12-09 10:44:51.893009987 +0800
 Birth: 2021-12-09 10:44:51.893009987 +0800
```

3.4.2 块设备与字符设备

块设备与字符设备（表3-6）都对应于支持读写操作的硬件设备，所以按照 Linux "一切皆文件" 的设计思想，块设备与字符设备也被称为设备文件，其区别如下。

表 3-6 常见的块设备与字符设备

文件类型	文件路径	说明
块设备	/dev/sr0	光驱
	/dev/sda	硬盘
	/dev/vda	虚拟硬盘（一般存在于虚拟机中）
字符设备	/dev/tty0	虚拟控制台
	/dev/input/by-path/*	键盘、鼠标等输入硬件
	/dev/urandom	随机数生成器

1）块设备指可以随机访问不同位置数据的设备，程序可自行确定读取数据的位置。块设备将信息存储在固定大小的块中，每个块都有自己的地址，用户可以根据数据块地址对其进行访问，因此得名 "块设备"。例如，硬盘、光驱等都属于块设备。

2）字符设备指在 I/O 传输过程中以字符为单位进行传输的设备。字符设备提供连续的数据流，用户可以顺序读取其中的数据，通常不支持随机存取。例如，终端、键盘、鼠标等都属于字符设备。

设备文件是对硬件设备的抽象，不是存放于具体的存储设备上的文件。在系统启动时，系统会自动在/dev 目录下创建这些设备文件。

3.4.3 链接文件

Linux 中的链接文件可以建立指向另外一个文件（称源文件）的链接，主要用于解决系统内文件的共享问题。链接文件与源文件有不同的文件路径，通过这种方式，两个不同路径的文件之间建立了链接绑定关系，访问其中任意一个文件都可以得到相同的内容。

链接文件与源文件通过复制产生的文件类似，它们都可以得到两个拥有相同内容的文件，但其区别也非常明显：链接文件和源文件之间存在绑定关系，二者之间虽然有着不同的路径，但是指向的是同样的文件，链接文件不额外占用存储空间，用户在访问链接文件时，所有的 I/O 操作会被自动转为对源文件的操作；而文件经过复制后产生的文件是一个独立的文件，如果对源文件进行修改，其复制后的文件并不会随之改变。

根据链接产生机制的不同，链接文件主要分为两类：硬链接与软链接（即符号链接）（图 3-5）。二者均可通过 ln 命令创建，通过 unlink 或 rm 命令删除。

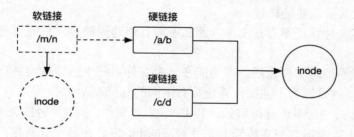

图 3-5　硬链接与软链接原理示意图

1. 硬链接

（1）inode

在介绍硬链接之前，需要先简单了解文件系统和 inode 的概念。如前文所述，文件是被保存在存储设备中的，但是由于存储设备只是提供了数据保存的硬件支持，用户直接操作存储设备无疑是非常复杂且易出错的。为了解决这一问题，在用户和存储设备之间出现了文件系统，它是一种可以管理文件的软件，使用户可以更加方便、安全地使用底层存储设备。

文件系统使用一种称作 inode 的数据结构来描述文件的各种信息，每个 inode 都保存了文件数据的属性（包括元信息、权限信息等）和用于存储该数据的磁盘块位置。文件树中的每个文件都对应一个inode，用户在访问文件时，只需要通过该文件的路径查找到对应的 inode，即能读取该 inode 中包含的文件信息。

可以将文件的路径类比为 C 语言中的指针，将 inode 类比为内存中的数据，不太严谨地说，文件路径就是指向 inode 的一个指针。文件与 inode 是多对一的关系，即多个文件可以同时指向同一个 inode。只有 inode 对应的所有文件均被删除后，inode 才会被系统回收，此时才真正意味着文件数据被删除。

（2）硬链接的实现原理

当用户为源文件创建硬链接文件时，该硬链接文件本质上链接到的是源文件的 inode。很显然，用户对源文件或者其硬链接文件的修改，本质上都是对同一个 inode 的修改，源文件和其硬链接文件的元信息、数据内容均时刻保持一致。

这里需要注意一点，与软链接不同，硬链接不属于一种特殊的文件类型。对于硬链接来说，源文件和链接文件的区别不再明显，因为它们的地位是相同的，都指向同一个 inode 文件，只不过路径不同，二者之间并无从属关系。这也意味着，用户既无必要也无法通过 ls 等命令确定哪个文件是源文件，哪个文件是其硬链接文件。可以这样说，inode 对应的不同文件之间互为硬链接。

根据 inode 的相关原理，这里总结硬链接的基本特点如下。

1）硬链接与源文件的文件属性、权限与数据内容等都完全相同。

2）删除源文件后，硬链接不会失效，依然可以正常使用，只有当 inode 对应的所有硬链接都删除后，文件才会被真正删除。

3）不能对目录创建硬链接。

4）如果某文件路径不存在文件，那么不对其创建硬链接，只能对已存在的文件创建硬链接。

5）硬链接不能跨文件系统，即不能在一个文件系统中创建指向另一个文件系统中文件的硬链接，这是因为不同文件系统拥有不同的 inode 结构。

使用 ln a b 命令可以创建硬链接，其中，a 为源文件，b 为硬链接文件。可以通过 ls -l 命令所输出内容的第 2 列观察当前文件对应的 inode 存在几个硬链接，相关命令的基本使用方法如下。

```
# 创建指向 anaconda-ks.cfg 的硬链接 hard
[root@localhost ~]# ln anaconda-ks.cfg hard

# -i 选项表明查看文件的 inode 值（出现在每行的最前面），可以看出，两个文件在属性
# 上没有区别且对应于同一个 inode
# 通过该命令的输出，也可以看出该 inode 有两个硬链接
[root@localhost ~]# ls -li
total 8
67159360  -rw-------. 2 root root 1132 Feb 24  2021 anaconda-ks.cfg
67159360  -rw-------. 2 root root 1132 Feb 24  2021 hard

# 删除硬链接文件 hard
[root@localhost ~]# unlink hard
```

```
# 不能为不存在的文件创建硬链接
[root@localhost ~]# ln /file_not_exist x
ln: failed to access '/file_not_exist': No such file or directory

# 不能为目录创建硬链接
[root@localhost ~]# ln /tmp t
ln: /tmp: hard link not allowed for directory
```

2. 软链接

软链接也称符号链接，它将链接到源文件的文件路径而不是源文件的 inode。与硬链接不同，软链接是一种特殊的文件类型。软链接文件本质上是一个独立的文件，拥有与源文件不同的 inode，作用是当访问软链接文件时，会把访问行为转发到该文件所链接的源文件上。

软链接的基本特点如下。

1）软链接是一个独立的文件，拥有自己独立的文件属性及权限。

2）当源文件被删除时，软链接文件本身还存在，但是软链接会失效。对失效的软链接进行访问一般会出现"No such file or directory"（文件不存在）的错误标志。

3）软链接可以指向目录和非目录文件。

4）可对不存在文件的路径创建软链接，只不过此时软链接处于失效状态。

5）软链接可以跨文件系统，其指向的仅仅是文件路径。不同文件系统下的文件路径都在同一个文件树中，因此不同文件系统的软链接是相互兼容的。

使用 ln -s a b 命令可以创建软链接，其中，a 为源文件，b 为软链接文件。相关命令的基本使用方法如下。

```
# 创建指向 anaconda-ks.cfg 的软链接 soft
[root@localhost ~]# ln -s anaconda-ks.cfg soft

# 可以看出软链接与源文件是两个独立的文件，对应于不同的 inode
# 在文件列表中，软链接文件名显示为"软链接文件名->源文件路径"的形式
[root@localhost ~]# ls -li
total 8
67159360 -rw-------. 2 root root 1132 Feb 24  2021 anaconda-ks.cfg
67159360 -rw-------. 2 root root 1132 Feb 24  2021 hard
67159366 lrwxrwxrwx  1  root  root     15  Dec  20  20:15  soft  ->
anaconda-ks.cfg

# 可以为不存在的文件创建软链接
[root@localhost ~]# ln -s /file_not_exist y
```

```
[root@localhost ~]# ls -l
total 8
-rw-------. 2 root root 1132 Feb 24  2021 anaconda-ks.cfg
-rw-------. 2 root root 1132 Feb 24  2021 hard
lrwxrwxrwx 1 root root   15 Dec 20 20:15 soft -> anaconda-ks.cfg
lrwxrwxrwx 1 root root   15 Dec 20 20:21 y -> /file_not_exist
```

3.5 归档与压缩

3.5.1 基本概念

现实中经常需要对文件进行归档和压缩操作，需要注意这是两个不同的行为，有着不同的目的，具体如下。

1）归档（archive）：指将多个文件合并在一起，形成一个单一的文件，以便于传输和存储。

2）压缩（compress）：指通过压缩算法把一个大文件转换成一个小文件，以减少存储空间占用。

无论是归档还是压缩，都是可逆、无损的过程：文件经过归档或压缩后，可以通过逆过程重新恢复原始文件。在 Linux 中，有些软件只能对文件进行归档；有些软件只能对文件进行压缩；有些软件则可以先对文件进行归档，然后再压缩。

压缩率是评价一个压缩软件的重要参数之一，它的计算方法是计算压缩前文件大小与压缩后文件大小的比值。一般压缩软件均允许用户选择对文件进行压缩时采用的压缩率，压缩率越高，压缩软件一般就需要花费更多的时间用于压缩与解压缩。在实际应用中，并不是压缩率越大越好，这和具体的使用场景有关。Linux 下常见的归档与压缩软件（表3-7）的最大压缩率排序为 gzip < bzip2 < xz。

表 3-7 Linux 下常见的归档与压缩软件

类型	软件	文件后缀（非强制要求，只是为了方便辨识）
归档	tar	.tar
压缩	gzip	.gz
	bzip2	.bz2
	xz	.xz
	zip	.zip
	7zip	.7z
归档压缩	tar+gz	.tar 或.gz，或.tgz
	tar+bzip2	.tar 或.bz2，或.tbz
	tar+xz	.tar 或.xz，或.txz

3.5.2　命令操作

1. gzip 与 bzip2

gzip（命令 3-9）与 bzip2 是 Linux 下最基本的两个压缩工具，其命令使用方法类似。虽然这两个命令和下面要学习的 zip 命令中都含有"zip"，但是它们是互不兼容的。这意味着其中一个工具创建的压缩包，使用另外两个命令无法解压。

命令 3-9　gzip

名称
　　gzip – 解压缩文件。
用法
　　gzip [OPTION]... FILE...
参数
　　FILE
　　　　需要压缩的文件列表。
说明
　　gzip 在解压或者压缩时如果不加-k 选项，则压缩和解压缩后会把源文件删除。
选项
　　-d, --decompress
　　　　用于解压文件。如果不加此选项，将会对文件进行压缩。
　　-k, --keep
　　　　完成压缩或解压缩后保留源文件。
　　-l, --list
　　　　列出压缩文件的详细信息。
　　-n
　　　　设置压缩率，n 可以从 1 取到 9，1 代表的压缩率最低但速度最快，9 代表的压缩率最高但速度最慢，默认取
　　　　值为 6。

相关命令的基本使用方法如下。

```
# 将 a 压缩为 a.gz，源文件会被自动删除
[root@localhost ~]# gzip a

# 使用最高压缩率，同时压缩多个文件，分别形成多个 gz 文件，源文件会被自动删除
[root@localhost ~]# gzip -9 b c

# 将 d 压缩为 d.gz，不删除源文件
[root@localhost ~]# gzip -k d

[root@localhost ~]# ls
a.gz    b.gz    c.gz    d    d.gz

# 查看 gz 文件的详细信息
```

```
[root@localhost ~]# gzip -l a.gz
compressed          uncompressed  ratio uncompressed_name
39                  21            9.5%  a

# 解压缩，注意解压缩完成后会自动删除 gz 文件
[root@localhost ~]# gzip -d a.gz

# 解压缩，解压缩完成后会保留 gz 文件
[root@localhost ~]# gzip -dk a.gz
```

2. zip

zip 是一种常用的跨平台的开源压缩算法，与 Windows 中自带的 winzip 保持兼容，它能一次性完成归档和压缩任务，这就使得 zip 命令（命令 3-10）的使用变得非常广泛。zip 命令对应的解压缩命令为 unzip 命令（命令 3-11），这两个命令在使用时不会自动删除源文件。

命令 3-10　zip

名称
　　zip – 归档并压缩文件。

用法
　　zip [OPTION]... ZIPFILE FILE...

参数
　　ZIPFILE
　　　　指定压缩后的 zip 压缩包的文件名。
　　FILE
　　　　需要归档压缩的文件列表。

选项
　　-r, --recurse-paths
　　　　将 FILE 参数中代表的目录及其子文件全部归档压缩。

命令 3-11　unzip

名称
　　unzip – 显示、测试或解压 zip 压缩文件。

用法
　　unzip [OPTION] ZIPFILE [-d EXTDIR]

参数
　　ZIPFILE
　　　　指定需要解压的 zip 压缩包文件路径。

选项
　　-l

-d EXTDIR
　　将压缩包解压到 EXTDIR。如果不加此选项，默认将压缩包解压到当前工作目录下。

相关命令的基本使用方法如下。

```
# 将普通文件 file1、file2 归档压缩为 out.zip
[root@localhost ~]# zip out.zip file1 file2

# 目录 dir 及其包含的所有子文件归档压缩为 out.zip
[root@localhost ~]# zip -r out.zip dir

# 显示压缩包中的文件
[root@localhost ~]# unzip -l out.zip
Archive:  out.zip
    Length      Date     Time     Name
  ---------  ----------  -----    ----
        39  02-19-2021  19:22    file1
        30  02-19-2021  21:07    file2
  ---------                      -------
        69                   2   files

# 将 out.zip 解压缩到当前目录中
[root@localhost ~]# unzip out.zip

# 指定解压缩的目录
[root@localhost ~]# unzip out.zip -d exdir
```

3. tar

tar 命令（命令 3-12）是 Linux 系统中常用的归档工具，它本身只能将多个文件进行归档，但是可以通过指定命令行选项的方式，使其在对文件进行归档后，自动调用其他软件（如 gzip、bzip2、xz）以进一步实现压缩。

命令 3-12　tar

名称
　　tar – 文件归档工具。
用法
　　tar [OPTION]... [ARG]...
选项
　　-c, --create
　　　　创建归档文件。

```
-x, --extract
        释放归档文件。
-f ARCHIVE, --file=ARCHIVE
        指定 tar 包文件。
-v, --verbose
        啰唆模式，指定此选项后，命令在运行过程中会打印很多日志。
-z, --gzip
        使用 gzip 压缩算法。
-j, --bzip2
        使用 bzip2 压缩算法。
-J, --xz
        使用 xz 压缩算法。
-t, --list
        列出 tar 包中的文件。
-C, --directory=DIR
        进行任何操作前，将当前工作目录切换为 DIR，可以利用此选项指定 tar 包的解压目录。
```

相关命令的基本使用方法如下。

将 dir 及其子文件归档为 a.tar 文件。注意-f 选项必须放在最后，因为它的后面需要指定 tar 包的路径

```
[root@localhost ~]# tar -cvf a.tar dir
```

列出 tar 包中的文件
```
[root@localhost ~]# tar -tf a.tar
anaconda-ks.cfg
```

将 a.tar 中的文件释放到当前工作目录中
```
[root@localhost ~]# tar -xvf a.tar dir
```

将 dir 及其子文件使用 gzip 算法归档压缩为 a.tar.gz 文件
```
[root@localhost ~]# tar -zxvf a.tar.gz -C dir
```

将 dir 及其子文件使用 bzip2 算法归档压缩为 a.tar.gz 文件
```
[root@localhost ~]# tar -jcvf a.tar.bz2 dir
```

将 a.tar.gz 解压缩并释放到 dir 目录中
```
[root@localhost ~]# tar -zxvf a.tar.gz -C dir
```

将 dir 及其子文件使用 bzip2 算法归档压缩为 a.tar.bz2 文件
```
[root@localhost ~]# tar -jcvf a.tar.bz2 dir
```

将 a.tar.gz 解压缩并释放到当前工作目录中
```
[root@localhost ~]# tar -zxvf a.tar.bz2
```

思考与练习

1. Linux 系统中能否存在多棵文件树？为什么？Windows 中有类似文件树的概念吗？

2. 若当前工作目录为/a/b，请将下列相对路径转变为绝对路径：./c，../../c，~x/../../c。

3. 在阅读一个文本文件之前，如何有效地评估这个文件的大小？有哪些命令可以阅读文本文件？这些命令分别适用于哪些场景？

4. 在 nano 文本编辑器中用 C 语言编写一个输出"Hello World"字样的程序。

5. 对一个文件做硬链接与直接复制一份该文件有何本质区别？

6. 有哪些方法可以查看一个文件同时存在多少个硬链接？

7. 在 Linux 中为何可以将部分硬件设备抽象为文件？所有连接到计算机上的硬件在 Linux 中都属于某种设备文件吗？

8. 用户在归档压缩多个文件时，是不是压缩率越高越好？为什么？

9. 列举需要对文件进行归档或压缩的场景。

第 4 章　Shell 的高级功能

4.1　变　量

4.1.1　作用与分类

与普通编程语言中的变量类似，Linux 中也有可以用于存储数据的变量，很多程序的实现过程都利用了变量，如命令 id、pwd 等。变量包含变量名与变量值，使用变量名可以引用具体的变量值。变量名只能使用英文字母、数字和下画线，空格等其他标点符号均不可用，且首个字符不能以数字开头。

除了在 Shell 配置文件中定义的变量（将在本章后续部分介绍）外，在命令行中定义的变量仅在当前登录用户开启的 Shell 会话中有效，用户退出或重新登录后，变量均会失效。

根据变量是否能被当前 Shell 的子进程（即在当前 Shell 环境下启动的命令）访问，可以将变量分为两类。

1）Shell 变量（Shell variable）：也称本地变量，仅可在当前 Shell 中使用，而在当前 Shell 的子进程中均无法访问 Shell 变量。用户可以在 Shell 中使用赋值语句定义的 Shell 变量，使用 set 命令可以查看所有本地变量。

2）环境变量（environment variable）：当前 Shell 和当前 Shell 的子进程中均可访问的变量称为环境变量。通过 export 命令可以将 Shell 变量导出为环境变量，使用 env 命令可以查看所有的环境变量。

结合编程语言的知识，本书采用一个更加形象的例子来解释 Shell 变量与环境变量的区别。可以将当前 Shell 比作编程语言中的一个函数 A，那么 Shell 变量就是在该函数体中定义的局部变量，显然，该局部变量在此函数外均无法被访问，即 Shell 变量在当前 Shell 之外均无法被访问。函数 A 内调用了另一个函数 B，显然，在函数 B 中无法访问函数 A 中定义的变量，此时可以将子进程类比于函数 B，由此说明子进程无法访问 Shell 变量。所谓环境变量，则相当于全局变量，它是既能被当前 Shell 访问，又能被其子进程访问的变量类型。

4.1.2　Shell 变量

Shell 变量的赋值命令语法为 VARNAME="VALUE"，其中，VARNAME 为变量名，

VALUE 为变量值，在命令行中直接运行此命令即可将变量 VARNAME 的值赋为 VALUE。如果 VALUE 中不含有某些特殊字符，如空格等，可以将 VALUE 两侧的双引号省略不写。在赋值过程中还需要注意如下问题。

1）Shell 变量不需要声明，可以直接对其赋值和引用。如果引用了未显式赋值的变量，那么该变量的值默认为空字符串。

2）赋值语句中等号两边不能有空格，因为在出现空格的情况下，Shell 将不会再把命令行输入解释为 Shell 变量赋值语句，而会将其解释为一般的命令行语句，即空格间隔开来的分别是命令名、选项和参数。

3）通过上述赋值语句得到的 Shell 变量均为字符串型。

用户可以直接在命令行中使用 Shell 变量，其引用方法为${VARNAME}，在不引起歧义的情况下，可简写为$VARNAME（若变量名后紧跟着字母，则会引起歧义，具体见下面使用样例）。在命令执行前，Shell 会将命令中出现的 Shell 变量引用直接替换为其值后再执行。如果在变量名前不加"$"，Shell 会将变量名看作一个普通字符串，而不会将其替换为变量值。下面演示了变量的基本使用方法。

```
[root@localhost ~]# a=Hello
[root@localhost ~]# b=World

[root@localhost ~]# echo $a, $b!
Hello, World!

# 利用反引号，将 pwd 命令的输出结果赋值给变量 m
[root@localhost ~]# m='pwd'
[root@localhost ~]# echo $m
/root

# 此处，Shell 会将 aShell 理解为一个变量名，但是变量 aShell 未经赋值，所以打印空
# 字符串
[root@localhost ~]# echo $aShell

# 使用${}语法后，Shell 能正确理解 a 为变量名
[root@localhost ~]# echo ${a}Shell
HelloShell

# 赋值语句等号两边不能有空格
[root@localhost ~]# x = 1
-bash: x: command not found

# 变量赋值语句的等号右边存在空格，需要使用双引号将其包裹起来
[root@localhost ~]# c=$a, $b!
```

```
-bash: World!: command not found

[root@localhost ~]# c="$a, $b!"
[root@localhost ~]# echo $c
Hello, World!

# 当变量名前不加$时，Shell 不会将该变量解析为其变量值，只会将其当作普通字符串输出
[root@localhost ~]# echo c
c

[root@localhost ~]# x=1
[root@localhost ~]# y=2

# 默认情况下，变量 x 与 y 均为字符串类型
[root@localhost ~]# echo $x+$y
1+2
```

其他变量的常用命令，如 set、unset 和 readonly 的基本作用如表 4-1 所示。

表 4-1 其他变量的常用命令

命令	作用
set	打印当前环境下定义的所有 Shell 变量
unset	取消变量的赋值（对于 Shell 变量与环境变量均有效）
readonly	将变量标记为只读变量，此时不允许再修改此变量的值（对于 Shell 变量与环境变量均有效）

相关命令的基本使用方法如下。

```
# 打印当前环境中的 Shell 变量
[root@localhost ~]# set
BASH=/bin/bash
BASHOPTS=checkwinsize:cmdhist:complete_fullquote:expand_aliases:
extquote:force_fignore:histappend:hostcomplete:interactive_comment
s:login_shell:progcomp:promptvars:sourcepath
BASHRCSOURCED=Y

[root@localhost ~]# a=1

# 取消变量 a 的赋值
[root@localhost ~]# unset a
[root@localhost ~]# echo $a

[root@localhost ~]# x=1
```

```
# 将变量 x 标记为只读变量
[root@localhost ~]# readonly x

# 无法对只读变量重新赋值
[root@localhost ~]# x=2
-bash: x: readonly variable
[root@localhost ~]# unset x
-bash: unset: x: cannot unset: readonly variable
```

4.1.3　环境变量

1. 基本使用方法

环境变量是一种非常重要、必不可少的变量类型，很多系统命令和用户程序都依靠环境变量才能读取用户当前登录 Shell 环境中的一些配置信息，系统也依靠环境变量将一些重要的系统参数（表 4-2）传递给用户使用。

表 4-2　系统定义的一些环境变量

环境变量	作用
USER	当前登录用户的用户名
HOME	当前登录用户的用户主目录
PWD	当前工作路径
OLDPWD	使用命令 cd 切换为当前工作路径前所在的工作路径，即上一个工作路径
SHELL	当前 Shell 程序的文件路径
HOSTNAME	当前计算机的主机名
LANG	当前操作系统的默认语言环境，如 zh_CN.UTF-8、en_US.UTF-8 等
PATH	PATH 环境变量，详细介绍见后续内容

只需在 Shell 变量赋值语句前加上 export 命令，即可将变量声明为环境变量。对于已存在的 Shell 变量，也可以通过 export 命令将其导出为环境变量。相关命令的基本使用方法如下。

```
[root@localhost ~]# shellvar=1

# 利用命令 set 输出的变量中包含了变量 shellvar，说明其是 Shell 变量
[root@localhost ~]# set | grep shellvar
shellvar=1

# 利用命令 env 输出的变量中不包含变量 shellvar，说明其不是环境变量
[root@localhost ~]# env | grep shellvar

# 使用 export 命令将变量 shellvar 导出为环境变量
```

```
[root@localhost ~]# export shellvar
[root@localhost ~]# set | grep shellvar
shellvar=1

# 可以确认现在变量 shellvar 确实已经成为环境变量
[root@localhost ~]# env | grep shellvar
shellvar=1
```

除用户定义的环境变量外，系统也默认定义了一些环境变量，这些环境变量无须用户定义和维护其变量值即可直接使用，它们会根据环境的不同自动调整成正确的值。

相关命令的基本使用方法如下。

```
[root@localhost ~]# echo $PWD
/root
[root@localhost ~]# cd /etc
[root@localhost etc]# echo $PWD
/etc
[root@localhost etc]# echo $OLDPWD
/root

[root@localhost etc]# echo $SHELL
/bin/bash

[root@localhost etc]# echo $LANG
en_US.UTF-8

[root@localhost etc]# echo $PATH
/usr/local/sbin:/usr/local/bin:/usr/sbin:/usr/bin:/root/bin
```

2. 环境变量 PATH

在前面的学习过程中，一般直接使用命令名即可启动命令对应的程序文件，例如，cat 命令的程序文件位于/usr/bin/cat，但是在使用 cat 命令时，却无须填写 cat 命令程序文件的全路径，只需输入其文件名 cat 即可。那么在这个过程中 Shell 是如何根据文件名找到其对应的文件路径的呢？答案是通过环境变量 PATH。系统为环境变量 PATH 设置了默认值，用户也可以根据需要对其进行修改。

环境变量 PATH 的值由若干目录通过目录间隔符（path seperator，Linux 系统下为冒号 ":"）连接而成。具体来说，Shell 通过环境变量 PATH 查找出命令名对应可执行文件路径的主要步骤如下。

1）将环境变量 PATH 的值按照目录间隔符切分成若干目录。

2）依次在这些目录中搜索是否存在与命令同名的可执行文件。如果找到了，此文件的路径就被当作命令对应的可执行文件路径交由 Shell 执行，此时 Shell 不会继续向后查找环境变量 PATH 中规定的目录。可以看出，环境变量 PATH 中包含的目录是有优先级的，排序越靠前的目录优先级越高。如果查找完所有环境变量 PATH 中包含的目录后没有找到同名程序文件，那么 Shell 会认为没有具体的程序文件与命令对应，于是报错"command not found"。

注意，用户修改环境变量 PATH 时必须小心，如果修改错误，系统将可能因为找不到程序文件而无法正常运行某些行命令。用户可以使用 which 命令查询某个命令对应程序文件的路径或者查询 Shell 在运行命令时使用的是哪个程序文件，如果查询的命令为命令别名，which 命令也会打印其详细信息。相关命令的基本使用方法如下。

```
[root@localhost ~]# which echo
/usr/bin/echo

[root@localhost ~]# which ll
alias ll='ls -l --color=auto'
    /usr/bin/ls

[root@localhost ~]# mkdir mybindir
[root@localhost ~]# cp /usr/bin/uptime mybindir/myuptime

# 此时 Shell 无法找到 myuptime 对应的程序文件，所以会报错
[root@localhost ~]# which myuptime
/usr/bin/which: no myuptime in (/usr/local/sbin:/usr/local/bin:/usr/
sbin:/usr/bin:/root/bin)

[root@localhost ~]# myuptime
-bash: /root/bin/myuptime: No such file or directory

# 在系统设置的环境变量 PATH 的最后追加 myuptime 文件所在的:~/mybindir 目录
[root@localhost ~]# export PATH=$PATH:~/mybindir

# 此时，Shell 能够找到 myuptime 所对应的程序文件，并正常运行该命令
[root@localhost ~]# which myuptime
/root/mybindir/myuptime

[root@localhost ~]# myuptime
 20:35:36 up 5 days,  1:35,  2 users,  load average: 0.00, 0.00, 0.00
```

现在请读者思考一个初学者经常会疑惑的问题：假如某目录下有一个可执行程序文件 cmd，为什么通过命令 ./cmd 可以运行该程序，但是直接使用命令 cmd 却不可以呢？

这是因为环境变量 PATH 中默认不包含当前目录，Shell 找不到命令 cmd 对应的程序文件，此时只有通过直接输入程序文件 cmd 的相对路径或绝对路径才能让 Shell 成功运行该文件。一般不建议将当前工作目录 "." 加入环境变量 PATH，因为这会增加用户误操作的可能性，降低系统安全性。相关命令的基本使用方法如下。

```
[root@localhost ~]# cp /usr/bin/date mydate

# 在环境变量 PATH 包含的所有目录中均找不到名为 mydate 的程序文件
[root@localhost ~]# mydate
-bash: mydate: command not found

# 直接通过输入 mydate 文件的路径，可以让 Shell 找到该文件
[root@localhost ~]# ./mydate
Mon Jan  3 20:19:29 CST 2022

# 将当前工作路径加入环境变量 PATH（此处仅做实验演示，一般不建议如此操作）
[root@localhost ~]# export PATH=$PATH:.

# 此时即可通过直接输入 mydate 来启动该命令
[root@localhost ~]# mydate
Mon Jan  3 20:19:41 CST 2022
```

4.2　Bash 进阶

4.2.1　命令别名

命令别名（alias）就是为一条完整的命令定义的一个命令名，执行这个新的命令名就相当于执行这条命令。在 Linux 命令行中用户经常需要使用一些较长的命令（包含命令名、选项和参数），每次输入这些命令都非常耗时，这时就可以为这些较长的命令设置较短的命令别名，后续使用时可以使用命令别名替代较长的命令。命令别名是用 Bash 提供的一种特殊功能，用好这个功能可以极大地提高系统管理员的工作效率。与命令别名相关的命令包括 alias 与 unalias，其基本用法如表 4-3 所示。

表 4-3　与命令别名相关的命令的使用方法

命令用法	作用
alais NAME="cmd options args"	为等号右边双引号内的命令设置别名 NAME（等号右侧用双引号与单引号均可）
alias -p	查看当前环境下所有生效的命令别名
unalias NAME	注销命令别名

相关命令的基本使用方法如下。

为命令 rm -rf 设置一个命令别名

```
[root@localhost ~]# alias rmall="rm -rf"

# 可以使用 rmall 替代 rm -rf 命令
[root@localhost ~]# rmall dir

# 注销命令别名 rmall
[root@localhost ~]# unalias rmall

# 此时无法再使用 rmall
[root@localhost ~]# rmall dir
-bash: rmall: command not found

# 查看当前环境下所有生效的命令别名
[root@localhost ~]# alias -p
alias cp='cp -i'
alias egrep='egrep --color=auto'
alias fgrep='fgrep --color=auto'
alias grep='grep --color=auto'
alias l.='ls -d .* --color=auto'
alias ll='ls -l --color=auto'
alias ls='ls --color=auto'
alias mv='mv -i'
alias rm='rm -i'
alias which='(alias; declare -f) | /usr/bin/which --tty-only --read-
alias --read-functions --show-tilde --show-dot'
alias xzegrep='xzegrep --color=auto'
alias xzfgrep='xzfgrep --color=auto'
alias xzgrep='xzgrep --color=auto'
alias zegrep='zegrep --color=auto'
alias zfgrep='zfgrep --color=auto'
alias zgrep='zgrep --color=auto'
```

在上面 alias -p 命令的输出中可以看到某些命令别名与系统中已存在的命令名有所重复，如 ls='ls --color=auto'，此时命令别名将覆盖原有的命令名，即后续用户在系统中使用 ls 命令时，其实使用的命令是'ls --color=auto'。如果用户希望使用原有的 ls 命令而不是命令别名 ls，只能通过输入原有 ls 命令对应文件名的方式，即/usr/bin/ls。

4.2.2　配置文件

1. 基本原理

Shell环境下很多的功能参数都是通过修改配置文件来实现自定义的，这些配置文件本质上都是 Shell 脚本，用户可以通过文本文件编辑器来对其进行修改。Shell 脚本简单来说是一种由 Shell 执行的程序文件，其中每一行都是合法的 Shell 命令。Shell 在执行脚本时，会从脚本文件的第一行顺序向下执行，一直执行到该文件的末尾或遇到错误退出为止。

Shell 配置文件中可以定义的内容主要包括环境变量、命令别名和其他需要在用户登录时自动运行的命令，用户只需要将对应的命令写入配置文件并保存即可。

一般情况下，当用户成功登录系统后，系统会自动启动用户对应的登录 Shell（在 CentOS 中，默认为 Bash）。随后 Shell 进程通过运行相关配置文件，可以自动导入配置好的环境变量、命令别名并自动运行其中的其他命令。例如，用户在配置文件中定义了一个环境变量，此时 Shell 就会将此环境变量导入，使其在当前用户登录的 Shell 环境下生效。

2. Bash 的主要配置文件

Bash 的主要配置文件分为两类。

1）全局配置文件：对系统内所有的用户均生效，即所有用户登录系统后都会载入的配置文件，包括/etc/profile、/etc/profile.d/*.sh、/etc/bashrc。

2）用户配置文件：分别只对单一用户生效，即只有某用户登录时才会载入的配置文件，包括各个用户主目录下的~/.bash_profile、~/.bashrc。

可以看出，Bash 的配置文件不止一个，这些配置文件的载入自然也是有先后顺序的。对于用户登录后产生的 Shell（称登录 Shell）来说，其配置文件及其载入顺序如图 4-1 所示。如果同一个环境变量或者命令别名分别在不同的配置文件中被定义，那么后载入文件中的配置会覆盖先载入文件中的配置。

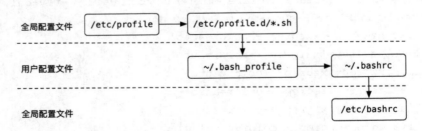

图 4-1　登录 Shell 的配置文件及其载入顺序

3. 自定义 Bash 的配置文件

Bash 的配置文件主要可以用于定义环境变量、命令别名和一些需要登录后自动运行的命令。对于环境变量与命令别名，上面学习的是在命令行下的定义方式。那么如何将环境变量、命令别名以及一些命令定义在配置文件中呢？由于 Bash 的配置文件本质上是命令脚本，其中每一行都是合法的命令，因此只需将这些命令填写到配置文件中即可。修改完的配置文件不会立刻生效，在用户使用命令 source bash_config_file 或者重新登录后，修改的内容才会正式生效。

环境变量和命令别名均可以在命令行下定义，也可以在 Shell 配置文件中定义，其区别主要在于它们的生效范围。

1）命令行下定义的环境变量和命令别名只对当前登录用户生效，当用户重新登录系统后，这些变量均会失效。这是由于环境变量和命令别名被 Shell 保存在其进程对应的内存中，当 Shell 退出后其内存会被释放，环境变量和命令别名自然也会失效。这一点和函数类似，当函数退出后，函数中的变量自然也会失效。

2）Shell 配置文件中定义的环境变量和命令别名对于用户来说是永久生效的，用户每次登录后都可以访问到这些变量。这是由于用户每次登录后 Shell 都会自动载入配置文件，其中定义的环境变量与命令别名自然也会被自动导入到当前 Shell 环境。

4.2.3　通配符

通配符（wildcard）本质上是一种简短的字符匹配模式（pattern），可用于代替单个或多个字符。在 Bash 中，可以使用通配符代表多个符合其模式的文件路径，其作用是使用户可以一次性操作多个文件。

常用的通配符及其含义如表 4-4 所示，需要注意：路径分隔符"/"不会匹配任何通配符；通配符可以出现在文件名中，但是在 Shell 中如果需要引用这些包含通配符的文件路径，则需要使用单引号或双引号将文件路径包裹起来，或者在通配符前加上转义符"\"。表 4-5 给出了一些常见的通配符使用示例。

表 4-4　常用的通配符及其含义

通配符	含义
*	匹配任意数量的任意字符
?	匹配单个的任意字符
[]	匹配中括号内的任意一个字符
[!]	匹配 [!] 之外的任意一个字符，"!"表示非的意思
[start-end]	匹配连续范围（从 start 到 end）的字符。如果字符范围为字母，则不区分大小写
[!start-end]	匹配连续范围（从 start 到 end）以外的字符。如果字符范围为字母，则不区分大小写
{}	匹配大括号里面的所有模式，模式之间使用逗号分隔，逗号两边不能加空格
{start,end}	匹配连续范围（从 start 到 end）的字符。{}与[]的区别在于：如果匹配的文件不存在，[]会失去模式的功能，变成一个单纯的字符串，而{}依然可以展开

表 4-5　通配符表达式举例

通配符表达式	可匹配的字符串举例	不可匹配的字符串举例
a*	a, a1, a2, ab, abc	ba
a?c	a1c, axc	axyc
[abc].h	a.h, b.h, c.h	d.h
x[!0-9].log	xa.log, xb.log	x1.log, x12.log
{abc,efg}	abc, efg	a, b, c, e, f, g
{cat,d*}	cat, d, d1, dx	
{j{p,pe}g,png}	jpg, jpeg, png	

包含通配符的匹配模式称为通配符表达式，在使用通配符表达式时，需要注意以下两点。

1）Bash 在收到含有通配符的命令后，首先会解析命令中的通配符表达式，如果查找到与该表达式相匹配的文件路径，则会将表达式替换展开为匹配上的文件路径列表（使用空格间隔），最后执行的不再是原始包含通配符的命令，而是展开后的命令。例如，对于命令 ls *.h，Bash 在执行前会先将该命令解析并展开为 ls a.h b.h ab.h，ls 命令可以接收多个参数，所以上述命令将会显示解析后的各个文件。

2）除了表示范围的通配符{start,end}，当其他通配符不匹配任何已存在的文件路径时，会将通配符表达式原样输出。例如，若当前目录下不存在任何以字母 z 开头的文件名，则命令 ls z*中的 z*就不会被展开为文件列表，因为没有任何文件可以与通配符表达式 z*相匹配，此时 ls 命令会报错"ls: cannot access 'z*': No such file or directory"。对于通配符{start,end}，即使没有文件与之匹配，Bash 也会对其进行展开。

通配符表达式可以同时代表多个文件路径，在使用时必须非常小心，以免出现不当操作，引起系统安全事故。例如，rm -rf *代表删除当前目录下的所有文件。

4.3　标准流重定向与管道

4.3.1　标准流

程序的正常运行一般离不开输入与输出，用户将需要处理的数据输入给程序，程序则将处理完的数据输出给用户。终端为程序的运行提供了基本的输入、输出环境：终端将读取用户输入的内容并将其传递给程序，同时接收程序返回的数据并将其显示在屏幕上。

上述过程有两个问题需要进一步说明：终端是如何从用户那里读取数据，又如何将数据显示在屏幕上的；程序是如何从终端接收数据，并将处理完的数据返回给终端的。第一个问题的答案可以参考图 2-7，即终端是通过键盘与显卡驱动等与用户进行数据交换的；第二个问题的答案就是本节的重点，即程序通过标准流（standard stream）读取数据。

有编程经验的用户此时可能会发现，在 C 语言中读取用户输入、向屏幕打印字符串的函数所在的 stdio.h 头文件，其命名由来就和标准流有关。在程序开始运行时，Shell 会为该程序自动打开 3 种标准流供其读写，分别如下。

1）标准输入流（standard input，stdin）：文件描述符为 0，默认会被链接到终端的输入（默认为键盘），程序通过读取标准输入，即可实现对终端输入数据的读取。例如，C 语言中的 scanf()函数就是从标准输入中读取数据的。

2）标准输出流（standard output，stdout）：文件描述符为1，默认会被链接到终端的输出（默认为屏幕或终端窗口），程序通过向标准输出写入数据，即可在终端输出中显示内容。一般程序会将数据处理结果或者日志等写入标准输出。例如，C 语言中的 printf() 函数就是从标准输出中读取数据的。

3）标准错误流（standard error，stderr）：文件描述符为 2，与标准输出类似，也默认会被链接到终端的输出，向标准错误中写入的数据也会被显示到终端输出上。但是与标准输出不同的是，标准错误用于输出错误消息或诊断，它独立于标准输出。程序一般会将出错信息写入标准错误。例如，C 语言中的 perror()函数就是从标准错误中读取数据的。

程序通过对标准流的读写实现了对终端输入和输出的控制，可以发现，标准流都具有输入（写入）或输出（读取）功能。在前面的章节中，本书介绍了 Linux 的一个重要思想——一切皆文件，凡是支持输入和输出功能的实体都可以被抽象为文件，因此标准流本质上也是文件。Linux 内核会为程序在运行时打开的文件分配一个编号以代表该文件，此编号称为文件描述符。文件描述符默认从 0 开始分配，作为程序首先打开的 3 个文件（标准输入、标准输出和标准错误）的文件描述符分别是 0、1 和 2。

4.3.2　重定向

默认情况下，标准输入流来自键盘输入，标准输出流和标准错误流则被发送到屏幕上显示，但是有时用户希望程序使用不同的输入源和输出目的地，此时就可以使用重定向（redirect）来更改标准流对应的设备或文件。

例如，有时用户希望将某普通文件中的数据作为程序的输入，此时就需要将该文件作为程序的输入源，即将程序的标准输入从原来的键盘重定向到该文件；或者有时希望将程序的输出保存到某普通文件中，此时就需要将该文件作为程序的输出目的地，即将程序的标准输出从终端屏幕重定向到该文件。

在命令行中将标准流重定向需要使用一些特殊的重定向符号（表 4-6），通过将这些符号组成的重定向表达式写在命令的末尾，即可起到重定向的作用。

表 4-6　重定向符号的作用及使用方法

重定向符号	作用	使用方法举例
>	将标准输出或标准错误重定向到文件，在清空文件内容后写入	将标准输出重定向文件 file：cmd > file
		将标准错误重定向到文件 file：cmd 2>file（其中，"2"为标注错误的文件描述符）
		将标准错误重定向到标准输出：cmd 2>&1（其中，"2"为标准错误的文件描述符，"1"为标准输出的文件描述符）
>>	将标准输出或标准错误重定向到文件，以追加的形式写入文件	将标准输出重定向到文件 file：cmd >> file
		将标准错误重定向到文件 file：cmd 2>>file（其中，"2"为标注错误的文件描述符）
<	将文件重定向为命令的标准输入	cmd < file

4.3.3 管道

Linux 中有一个称为"保持简洁和直接"（keep it as simple and stupid，KISS）的重要设计原则，它要求命令应当注重简约的原则，保持模块化。在这一设计原则下，每个程序只需做好一件事，即不要试图在单个程序中完成多个任务。所以大多数的 Linux 程序所能完成的任务都很"单一"，一个程序只能完成一个功能模块，这可以有效地减少程序出现 bug 的可能，提高程序开发效率。

虽然 KISS 原则看起来很好，但是如果每个命令只能完成一项工作，那么如何使多个命令可以协同高效地完成相对复杂的任务呢？其中一种途径就是通过管道（pipe）。管道是 Linux 操作系统中最重要的特色之一，通过管道符"|"可以把一个程序的标准输出作为另外一个程序的标准输入流（图 4-2），即前一个程序的输出作为后一个程序的输入。配合管道功能，在 Linux 下，命令的使用方式变得灵活多样，命令的功能也变得非常强大。

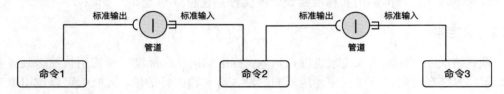

图 4-2　通过管道将不同命令的输出与输入相连接

4.4　其他常用命令

4.4.1 搜索文件

在 Linux 命令行中搜索文件一般使用 find 命令（命令 4-1），该命令非常强大，可以根据多种条件进行文件搜索。

命令 4-1　find
名称 　　find – 显示目录下文件列表。 用法 　　find [PATH]... [EXPRESSION]... 参数 　　PATH 　　　　指定查找文件的范围，支持在多个路径下查找。 　　EXPRESSION 　　　　搜索条件表达式或执行动作表达式。搜索条件表达式用于指定搜索条件，执行动作表达式用于指定对符合搜索条件的文件执行何种动作。 搜索条件表达式

-name PATTERN

　　搜索文件名符合 PATTERN 模式的文件。

-iname PATTERN

　　与 -name 类似，按文件名搜索，只不过忽略文件名的大小写。

-type TYPE

　　搜索文件类型为 TYPE 的文件。在 TYPE 的取值中，f 为普通文件，d 为目录，l 为软链接，c 为字符设备，b 为块设备，s 为套接字，p 为命名管道。

-user USER

　　搜索文件归属用户为 USER 的文件。

-group GROUP

　　搜索文件归属群组为 GROUP 的文件。

-size [+|-]SIZE[c|k|M|G]

　　按照文件大小搜索符合条件的文件，SIZE 为文件大小（可以带单位，c 表示字节，k 表示 2^{10} 字节、M 表示 2^{20} 字节、G 表示 2^{30} 字节）。如果 SIZE 前有"+"，表示搜索大于 SIZE 的文件；如果 SIZE 前有"-"，表示搜索小于 SIZE 的文件；如果没有"+"或"-"，则表示搜索文件大小恰好为 SIZE 的文件。

-empty

　　搜索空的普通文件（即文件大小为 0）或空目录。

-samefile FILE

　　查找与 FILE 的硬链接。

-perm PERM

　　搜索拥有指定权限的文件。

-executable

　　查找可执行文件。

-mtime [+|-]N, -ctime [+|-]N, -atime [+|-]N

　　按照指定天数 N 搜索符合条件的文件。如果 N 前有"+"，则分别表示搜索修改时间、状态改动时间和最后访问时间大于 N 天的文件（即 N 天以前，不包括第 N 天）；如果 N 前有"-"，则表示上述类型时间小于 N 天的文件（即 N 天之内）；如果 N 前不指定"+"或"-"，则默认按照"-"条件处理，即搜索 N 天之内的文件。

-mmin [+|-]N, -cmin [+|-]N, -amin [+|-]N

　　与上一条类似，只不过这里 N 的单位是分钟。

-not

　　反向搜索，即搜索不符合其他表达式的文件。

执行动作表达式

-print

　　将搜索到的文件路径打印出来，这也是 find 命令搜索到文件后默认执行的动作。

-printf "FORMAT"

　　按指定格式 FORMAT 打印搜索到的文件路径。FORMAT 支持 C 语言 printf() 函数的参数写法，其使用"{}"来代表搜索到的文件路径，即在打印时将 FORMAT 中的"{}"替换为搜索到的文件路径。注意，与 -print 不同的是，-printf 不会自动在打印行后加换行符，如果需要换行，用户应当在 FORMAT 的最后加上"\n"。

-delete

　　删除搜索到的文件。

-exec CMD \;

-exec CMD +

　　对搜索到的文件执行 CMD 命令。CMD 使用"{}"代表搜索到的文件路径，即在打印时将 CMD 中的"{}"替换为搜索到的文件路径。注意 CMD 后末尾的符号，其中，"\;"表示每次搜索到符合条件的文件时，都会将 CMD 中的"{}"替换为本次搜索到的文件后立即执行；而末尾为"+"时，会将多个搜索到的文件使用空格间隔拼在一起，使用这个字符串将 CMD 中的"{}"替换后一并执行（图 4-3）。

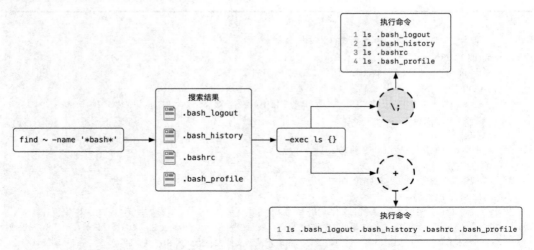

图 4-3　find 命令中-exec 的参数末尾 "\;" 与 "+" 的区别

4.4.2　排序与去重

　　在 Linux 命令行中可以方便地使用 sort 命令（命令 4-2）与 uniq 命令（命令 4-3）对文本进行排序和去重，这两个命令经常配合管道符使用。uniq 命令只能应用于排序好的文件，所以它一般与 sort 命令一起使用。sort 命令的-u 选项一定程度上可以替代 uniq 命令。在去重时，对于每组相同的重复行，会在其第一次出现的地方予以保留。

命令 4-2　sort

名称
　　sort – 对文本中的行排序。
用法
　　sort [OPTION]... [FILE]...
参数
　　FILE
　　　　待排序的目标文件，如果不指定此参数，则将从标准输入中读取待排序文件。
选项
　　-n, --numeric-sort
　　　　将字符串转换为数字后比较（默认按照字符串比较，如 12 将排在 1 前面）。
　　-f, --ignore-case
　　　　排序时忽略大小写字母。
　　-r, --reverse
　　　　按照逆序来排序（默认为升序，即从小到大的顺序）。
　　-t SEP, --field-separator=SEP
　　　　将每一行按照间隔符 SEP 切割成若干列，通常配合-k 选项使用。
　　-k, --key=K
　　　　将行分为若干列后，按照第 K 列来排序，而不是将整个行作为一个统一的字符串来排序。第一列的 K 为 1。
　　-u, --unique
　　　　排序并去除重复行后再输出。

命令 4-3　uniq

名称

　　uniq – 查询或者消除重复行。

用法

　　uniq [OPTION]... [INPUT [OUTPUT]]

参数

　　INPUT

　　　　待去重的目标文件，如果不指定此参数，将从标准输入中读取待去重文件。

　　OUTPUT

　　　　排序结果的输出文件，如果不指定此参数，将会把结果打印到标准输出中。

选项

　　-i, --ignore-case

　　　　比较时忽略大小写。

　　-c, --count

　　　　检查文件并删除文件中的重复行，在行首显示该行重复出现的次数。

　　-d, --repeated

　　　　仅显示重复出现的行（每类重复行仅出现一次）。

　　-u, --unique

　　　　仅输出不重复的行。

4.4.3　终端复用

　　一般情况下，当用户退出系统或与系统断开连接后，分配给该用户使用的终端会被系统"回收"，其中运行的 Shell 及其子进程都会被强制退出。在命令行下工作时，用户经常会遇到如下场景：工作任务还没有完成，但是临时需要退出系统去做另一项任务。如果此时用户直接退出系统，就会出现两个问题：一是当前 Shell 环境会被"销毁"，下次用户登录系统后，还必须恢复环境；二是正在运行的程序也必须被停止。

　　终端复用软件可以解决上述问题，它可以在用户退出系统后依然保留其工作的终端与 Shell 环境，其中运行的程序也不会被终止，当用户下次登录系统后，依然可以通过命令连接到该终端，其中的 Shell 环境与用户上次退出系统前保持一致。常用的终端复用软件包括 tmux（terminal multiplexer 的缩写）与 screen，二者功能类似，但是由于 tmux 功能更强大、拥有更多现代的一些特性，所以本书主要介绍 tmux 的使用方法。

　　软件 tmux 的基本原理是在当前外层终端下通过软件的方式生成一个由 tmux 管理的内层虚拟终端，用户进入该终端后再进行后续的工作，这样用户在外层终端下退出系统后，并不会影响由 tmux 管理的内层终端，从而达到保留终端和其中 Shell 环境的目的。

　　tmux 的功能非常强大，可以大大提高命令行下的工作效率，但是由于篇幅所限，本书只介绍 tmux 最基本的功能。默认情况下系统中没有预装 tmux，需要用户手动安装 dnf install tmux。tmux 的一般使用流程：通过 tmux 命令（命令 4-4）新建并进入一个终端环境，需要离开时可以使用 tmux 内置快捷键暂时退出，此时该终端将被置于后台，当下次希望再次使用该终端时也可以通过相关命令进入，如果最终用户不再需要此终端，可以使用 tmux 内置快捷键将其销毁。表 4-7 列出了一些常用的 tmux 快捷键。

命令 4-4　tmux

名称

 tmux – 终端复用器。

用法

 tmux [SUBCOMMAND [FLAG]...]

参数

 SUBCOMMAND

  tmux 的子命令，如果没有指定子命令，tmux 将会新建一个终端并进入。

 FLAG

  可以理解为 tmux 子命令的选项和参数。

子命令

 new, new-session [OPTIONS]

  新建一个 tmux 会话，其中包含一个新的终端。其常用选项如下。

  -s SESSION_NAME

   会话编号，如果不指定，tmux 将从 0 开始使用数字对其编号。

  -d

   新建会话后并不直接进入其中的终端，而是将其放入后台，用户依然在当前登录的终端下。如果不指定此参数，tmux 会自动使用户进入新建的终端。

  -c PWD

   指定新终端内 Shell 环境的初始工作目录为 PWD 目录。如果不指定此参数，初始工作目录为当前终端下的工作目录。

 rename, rename-session [-t OLD_NAME] NEW_NAME

  重命名 tmux 会话为参数 NEW_NAME。其选项如下。

  -t OLD_NAME

   用于指定需要修改的会话名。如果不指定此参数，默认会修改上次打开的一个会话。

 ls, list-sessions

  列出已存在的 tmux 会话，其中第一列为会话名。

 attach, attach-session [OPTIONS]

  重新连接在后台运行的 tmux 会话。注意，同一个 tmux 会话可以在不同的 Shell 环境下同时连接。其常用选项如下。

  -t SESSION_NAME

   指定需要连接的会话名为参数 SESSION_NAME。如果不指定此参数，默认会连接上次打开的一个会话。

  -r

   以只读模式进入会话，进入后不能输入任何命令。

 kill-session [OPTIONS]

  销毁 tmux 会话，其中的终端、Shell 环境也会被同时销毁。其常用选项如下。

  -t SESSION_NAME

   指定需要销毁的会话名。如果不指定此参数，默认会销毁上次打开的一个会话。

  -a

   销毁除-t 选项指定的会话外的其他所有会话。

 kill-server

  销毁当前用户开启的所有会话。

表 4-7　tmux 下常用的快捷键

快捷键	作用
Ctrl+B, d（先按 Ctrl+B，再按 d）	暂时离开当前 tmux 会话
Ctrl+B, x	销毁当前 tmux 会话
Ctrl+B, s	选择进入其他的 tmux 会话
Ctrl+B, $	重命名当前会话

思考与练习

1. Shell 中的变量与 C 语言中的变量有哪些区别？
2. 有哪些办法可以向 Shell 中启动的命令传递数据？
3. Shell 变量与环境变量有哪些区别？分别适用于哪些场景？
4. 使用通配符有哪些好处？
5. 如何高效地将 Linux 中的多个命令组织在一起协同使用？
6. 什么场景下需要使用 tmux 命令？
7. 尝试从两个不同的终端连接同一个 tmux 会话，观察使用情况。
8. 哪些因素导致用户在 Linux 中更喜欢使用文本文件？

第5章　用户与群组

5.1　用　户

5.1.1　基本概念

操作系统的用户是指在操作系统内部使用计算机系统资源的实体，这里的实体可以指人，也可以指虚拟的实体，如系统服务等。只要使用系统资源，都可以称为用户。Linux系统是一个多用户、多任务的网络操作系统，允许同时存在多个用户在系统内部使用系统资源。

用户的账号是其在系统内的唯一标志，任何一个要使用系统资源的用户，都必须首先获得一个操作系统的账号，然后才能以这个账号的身份进入系统。账号实质上就是一个用户在系统上的标识，系统根据该标识分配不同的权限和资源。账号的作用如下。

1）跟踪和审计用户在系统的各种操作。

2）规定了用户在系统内拥有哪些权限，可以访问哪些资源、使用哪些功能。

3）保护用户的数据安全和隐私不被其他非特权用户破坏。

账号的组成信息非常多，其中最基本的信息就是用户名与密码。一般情况下，处于系统外部的用户可以通过输入账号对应的用户名和与之匹配的密码登录系统，进入系统内部。

5.1.2　用户信息文件

系统内所有用户的账号信息都以文本的形式存储于用户信息文件/etc/passwd 中，该文件可以被系统内任何用户读取，但是只有管理员用户才能对其进行更改。文件/etc/passwd 是非常重要的系统文件，如果出错，容易造成系统故障。虽然作为管理员可以使用文本编辑器直接修改该文件，但是考虑到系统安全性，建议使用系统提供的用户管理命令对其进行维护，尽量不要对其直接修改。

文件/etc/passwd 中每一行均代表一个用户账号，第一行通常为管理员 root 用户。下例展示了该文件的基本格式。

```
# 查看/etc/passwd 的前 10 行
[root@localhost ~]# head /etc/passwd
root:x:0:0:root:/root:/bin/bash
```

```
bin:x:1:1:bin:/bin:/sbin/nologin
daemon:x:2:2:daemon:/sbin:/sbin/nologin
adm:x:3:4:adm:/var/adm:/sbin/nologin
lp:x:4:7:lp:/var/spool/lpd:/sbin/nologin
sync:x:5:0:sync:/sbin:/bin/sync
shutdown:x:6:0:shutdown:/sbin:/sbin/shutdown
halt:x:7:0:halt:/sbin:/sbin/halt
mail:x:8:12:mail:/var/spool/mail:/sbin/nologin
operator:x:11:0:operator:/root:/sbin/nologin
```

该文件共分 7 列（以 ":" 分隔），每一列都表示了该账号的一个信息，具体如下。

1）用户名：也称为登录名（login name），用户登录系统时使用的字符串，一般由用户自己设置。用户名在同一系统内不得重复。

2）密码占位符：在此列，如果用户有密码，则写作 x；如果用户无须密码即可登录系统，则留空。文件/etc/passwd 可以被系统内所有用户读取，出于安全考虑，用户真正的密码不存于此文件，此处只是一个占位符而已，用户加密后的密码被存放于用户密码文件/etc/shadow 中。

3）用户号（user identify，UID）：Linux 为每个系统内的用户账号分配了一个互相不重复的整数（大于或等于 0）用来标志该账号，UID 在同一系统内也不得重复。UID 与用户名都可以唯一标志系统内的用户账号，它们的区别主要在于：UID 是数字，不方便人类辨识，所以在系统内部或编写程序时常用 UID；用户名是字符串，本身含有一定的意义，方便人类辨识，所以人类用户主要使用用户名。

4）初始群组号（group identify，GID）：用户初始主组 GID，5.2.1 节将对其进行详细介绍。

5）GECOS（general comprehensive operating system）：如真实姓名、电话等，这些信息是为了给人阅读使用，一般用于提示该账号被分配给了哪个人，系统一般不使用。若有多个信息，可以用逗号 "," 间隔，也可留空不填。

6）用户主目录：用户主目录的路径。用户成功登录系统后，当前工作路径默认会设置为用户主目录。本书第 3 章介绍的用户主目录路径只是默认值，如果有特殊需求，主目录也可以采用自定义的值。

7）登录 Shell：用户成功登录系统后，Linux 默认为用户打开的 Shell 称为该用户的登录 Shell，此列为登录 Shell 程序文件的绝对路径。如果某用户的登录 Shell 为/sbin/nologin，则表明该用户仅供系统内部使用，它们的存在主要是为了方便系统管理、满足相应的系统进程对文件所属用户要求，所以为了系统安全，不允许此类用户登录系统。

5.1.3　用户类型

Linux 中，根据权限和使用操作系统内的模式等的不同，可以将用户分成 3 类。

1）管理员用户：拥有系统中最高权限的用户，其 UID 为 0，GID 为 0，用户名也是固定的 root。系统安装时会自动创建管理员用户，无须手动创建。

2）系统用户：该类用户供内部系统服务使用，所以为了系统安全，一般情况下这些用户无法从外部登录系统，其 UID 一般小于 1000。系统用户一般是在软件过程中自动创建的。

3）普通用户：除了上述两类特殊用户外，其他的用户都属于普通用户，一般需要使用密码登录系统，其 UID 一般大于等于 1000。管理员可以通过相关命令创建普通用户。

5.1.4 用户密码文件

为了系统安全，Linux 将用户密码加密后存储于用户密码文件/etc/shadow 中，该文件包含了用户密码相关的配置信息，只能被管理员用户读取。该文件不仅记录了用户加密后的密码，还记录了密码修改时间、账号失效时间等相关信息（图 5-1）。该文件非常重要，用户同样不应该使用文本编辑器直接修改该文件，而应当使用相关命令（如 5.2节中学习的 passwd、chage 命令等）对其进行维护。

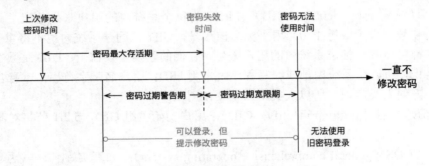

图 5-1　密码过期控制

文件/etc/shadow 中每一行对应一个用户账号，下例展示了该文件的基本格式。

```
[root@localhost ~]# head /etc/shadow
root:$6$UJEogz8SUJ9iQNCJ$mNGYyAB4TYp7YdjV7iy42ZxWNid3DVoDOiUFdkGfV
5fyW62p3yUgqUOY245itBM/dWni9bOI8UPc2b1fGELIB0:18787:0:99999:7:::
bin:*:18397:0:99999:7:::
daemon:*:18397:0:99999:7:::
adm:*:18397:0:99999:7:::
lp:*:18397:0:99999:7:::
sync:*:18397:0:99999:7:::
shutdown:*:18397:0:99999:7:::
halt:*:18397:0:99999:7:::
mail:*:18397:0:99999:7:::
operator:*:18397:0:99999:7:::
```

该文件被冒号分隔为 9 列，其中各列的意义如下。

1）用户名：该列代表账号的用户名。

2）用户密码密文：加密后的用户密码。

3）上次密码更改时间：用于记录最近一次密码被更改的日期，数值为距离 1970 年 1 月 1 日以来经过的总天数。如果为空，表示不启用密码过期控制，后面的 4 个字段也无意义；如果为 0，表示用户下次成功登录后，系统会立即要求其修改密码。

4）密码最小存活期：表示上次密码更改后多少天内，密码不能被修改。可以为 0 或空，表示密码修改不受限制。

5）密码最大存活期：表示上次密码更改后多少天内密码必须被修改，超过这个时间后，当前密码将被标记为过期状态（expired）。设置密码最大存活天数的意义在于督促用户经常修改密码，以防止密码泄露，从而提高系统安全性。如果该列为空，表示密码没有最大存活期、没有密码过期警告期和密码过期宽限期。

6）密码过期警告期：表示距离密码过期还有多少天时，开始在用户每次登录系统后警告用户需要修改密码。

7）密码过期宽限期：表示密码过期后（即超过了第 3 列+第 5 列的时间后），用户在多长时间内还可以使用该过期密码登录系统。在此期间内，虽然用户仍然可以使用该密码登录，但是成功登录后系统会提示用户修改密码；一旦超过此时间还没有修改密码，用户将无法再使用旧的密码登录系统，必须联系系统管理员才能予以解决。如果此列为空，表示不给予宽限时间，密码过期后直接禁止用户使用该账号登录系统。

8）账号失效日期：数值为距离 1970 年 1 月 1 日以来的总天数，表示如果超过此日期，则用户无法使用此账号登录系统。可以为空（不能为 0，否则有歧义），表示该账号永不过期。注意，账号失效与密码过期没有关系。账号失效后，表示无法使用此账号登录系统；密码失效，表示无法使用此密码登录系统，但是账号本身并没有失效。

9）保留字段：目前未使用该字段，为空，留做将来使用。

5.2　群　　组

5.2.1　基本概念

1. 群组

群组也称用户组，它包含了一组（零或多个）用户，这些用户称为该组的组内用户。系统可以通过群组对属于该组的用户进行集中管理。群组与用户是"多对多"的关系，一个群组拥有多个用户，一个用户也可以属于多个群组。群组最主要的属性是群组名和 GID，系统中各个群组的这两个属性都不会相互重复。

2. 初始组与附加组

一个用户可以同时属于多个群组，这些组可以分为两类。

1）初始组（initial group）：文件/etc/passwd 中第 4 列 GID 对应的群组称为用户的初始组。

2）附加组（supplementary group）：通过分析文件/etc/group 得到的用户所属群组称为用户的附加组。文件/etc/group 中每一行对应了一个群组，其第 4 列定义了群组的组内用户（不包括初始组为该组的用户），只要查找用户出现在文件/etc/group 中哪些行的第 4 列，就可以得到该用户的全部附加组。文件/etc/group 的具体格式将在 5.2.2 节中详细介绍。

要改变用户的初始组，一般只能通过 usermod 命令完成；要改变用户的附加组，可以通过 usermod 或 gpasswd 命令完成。

3. 主组

主组是用户当前正在生效的群组，也称有效组（effective group），体现了用户当前的群组身份。用户的 UID 与其当前主组 GID 合在一起，代表了用户当前的身份，系统通过查询用户当前身份，可以进一步知道该用户对文件有哪些权限。用户当前主组 GID 也称为用户当前的有效 GID。

用户同一时刻有且只能有一个主组，虽然用户可以同时属于很多群组，但其中只能有一个成为该用户当前的主组（图 5-2）。那么用户的当前主组到底是其中的哪个群组呢？在用户登录后，系统会选择用户的初始组作为其主组，后续如果用户需要，可以通过命令 newgrp 将其当前主组切换为其他群组。用户在将主组切换为自己的主组或附加组时不需要提供群组密码，但是在切换为其他群组时可能会需要群组密码。有关主组切换的知识将在 5.4.2 节中学习。

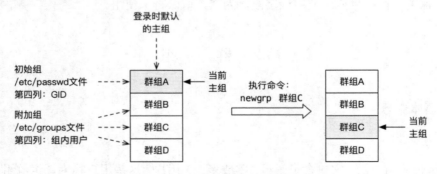

图 5-2　用户初始组、附加组、主组的关系

用户同时拥有主组与其他附加组的权限。用户当前的主组不能被直接删除，因为这样会导致用户没有主组。但可以在更换用户主组后，将其原有主组删除。通过 id 命令可以查看用户当前的群组信息，其中第 2 列即用户当前的主组，下例演示了 id 命令的基本

使用方法。

```
# 查询用户信息
# 第 1 列为用户 UID 和用户名（括号内）
# 第 2 列为当前主组 GID 和组名（括号内）
# 第 3 列是该用户所属初始组与附加组的 GID 与组名（括号内）
[u1@localhost ~]$ id u1
uid=1012(u1) gid=1017(u1) groups=1017(u1)
```

5.2.2　群组信息文件

群组的相关信息被保存在/etc/group 文件中，该文件只能被管理员修改，其中，每一行为一个群组的配置信息。下例展示了该文件的基本格式。

```
[root@localhost ~]# head /etc/group
root:x:0:
bin:x:1:
daemon:x:2:
sys:x:3:
adm:x:4:
tty:x:5:
disk:x:6:
lp:x:7:
mem:x:8:
kmem:x:9:
```

该文件被冒号分隔成了 4 列，各列的作用如下。

1）群组名：群组的名称，在系统中唯一标志了某个群组。同一系统中不允许存在同名群组。

2）群组密码占位符：统一写作 x，与/etc/passwd 文件类似，为了提高系统安全性，真正的密码保存于群组密码文件/etc/gshadow 中。

3）群组标志符：为一个整数（大于等于 0），在系统中唯一标志了某个群组。

4）组内用户列表：用户名之间使用逗号分隔。这里的"组内用户"特指附加组包含该群组的用户，不包含初始组为该群组的用户，用户的初始组信息通过文件/etc/passwd进行管理。

这里简单解释一下系统识别用户初始主组与附加组的基本原理：通过查看/etc/passwd文件的第 4 列，可以直接得到该用户的初始主组；通过依次查看/etc/group 文件的第 4 列，可以知道哪些组的组内用户包含了该用户，进而得到该用户所有的附加组。

5.2.3　群组密码文件

群组也是可以有密码的，群组密码的主要作用是控制哪些用户可以将自己的初始主组切换为该群组，其具体用法将在 5.4 节进行详细介绍。群组密码的相关配置信息被保存在文件/etc/gshadow 中，该文件中每一行为一个群组的密码配置信息，被冒号依次分隔为 4 列。

1）群组名：群组名称。

2）群组密码密文：加密后的群组密码。若为空，表示无密码；若为感叹号，表示此群组限制非组员用户登录。

3）群组管理员列表：使用逗号分隔多个群组管理员。

4）群组内用户列表：同文件/etc/group 的第 4 列。

5.3 管 理 命 令

5.3.1 用户管理

1. 查看用户详细信息

使用 id 命令可以查看用户的详细信息，使用 groups 命令可以查看用户所在的所有组，其中 id 命令（命令 5-1）更为常用。关于 id 命令使用清单中的"有效组 GID"将在 5.4.2 节中介绍。

命令 5-1 id

名称
    id – 查看用户详细信息。
用法
    id [OPTION]... [LOGIN]...
参数
    LOGIN
        需要查看信息的目标用户名。如果不指定此参数，将会把当前登录用户当作 id 命令的目标用户。
说明
    如果不指定任何选项，该命令会打印目标用户的多种信息，如 UID、用户名、主组和附加组信息。
选项
    -g, --group
        输出用户当前的有效组 GID。
    -G, --groups
        输出该用户所属的所有群组（包括有效组与附加组）的 GID。
    -n, --name
        输出群组的组名而不是其 GID。

下例演示了 id 命令与 groups 命令的基本使用方法。

```
# 无参数指定时，id 命令显示当前登录用户的详细信息
# 第 1 列为用户 UID，第 2 列为用户当前有效组 GID，第 3 列为用户所属的所有群组（包括
```

初始组与附加组）

```
[root@localhost ~]# id
uid=0(root) gid=0(root) groups=0(root)

# 查看用户 tuser 的详细信息
[root@localhost ~]# id tuser
uid=1009(tuser) gid=1010(tuser) groups=1010(tuser),10(wheel),63(audio)

# 查看用户当前的有效组 GID
[root@localhost ~]# id -g tuser
1010

# 查看用户所有群组的 GID
[root@localhost ~]# id -G tuser
1010 10 63

[root@localhost ~]# id -nG tuser
tuser wheel audio

# 查看用户所属的所有组
[root@localhost ~]# groups tuser
tuser : tuser wheel audio
```

2. 创建用户

在系统中新增一个用户账号主要可以使用 useradd 命令（命令 5-2），由于该命令在工作时本质上是通过在/etc/passwd 中新加一行实现的，因此必须有管理员权限才能使用此命令。在使用该命令时，有一些特殊的默认情况需要注意。

1）如果不指定-M 选项，在创建普通用户（即不开启-r 选项）时，系统会自动为其创建用户主目录。如果不希望自动创建主目录，应指定-M 选项；如果不希望主目录被设定在默认位置（目录/home 下），可以通过-d 选项指定。

2）如果不指定-N 或-g 选项，系统会自动创建一个与用户名同名的群组，并将新用户的初始组设定为该同名组。如果不希望有此行为，有两种办法：一是可以指定-N 选项，此时新用户的初始组将为系统默认的普通用户组，CentOS 中为 users（GID=100）；二是通过-g 选项直接为新用户指定初始组。

命令 5-2　useradd
名称
useradd – 新建用户。
用法

    useradd [OPTION]... LOGIN
参数
    LOGIN
        新建用户的用户名。
选项
    -u, --uid UID
        指定用户的 UID 为\optv{UID}，其数值不得与已有用户 UID 重复，且需符合普通用户与系统用户 UID
    的要求。
    -r, --system
        创建一个系统用户，此时默认不会为其新建用户主目录。
    -M, --no-create-home
        不要自动新建用户主目录。
    -m, --create-home
        自动新建用户主目录并将必要的配置文件复制到用户主目录下（如.bashrc、.bash_profile 等），常与-d
    一起使用。
    -d, --home HOME
        指定用户主目录的路径。
    -N, --no-user-group
        不自动创建与用户同名的群组以作为新用户的初始组，用户初始组按照-g 选项的值设定。
    -g, --gid GROUP
        指定用户的初始组，参数 GROUP 可以是 GID，也可以是群组名。
    -G, --groups GROUP...
        指定用户的附加组组名，多个附加组名之间使用逗号","间隔。
    -s, --shell
        指定用户的登录 Shell。
    -c, --comment
        指定 GECOS 信息，例如，可以填入用户的全名，以方便识别。

下例演示了 useradd 命令的基本使用方法。

```
[root@localhost ~]# useradd test1
[root@localhost ~]# id test1
uid=1001(test1) gid=1001(test1) groups=1001(test1)

# 创建新用户时不要为其创建同名主组
[root@localhost ~]# useradd -N test2

# 可以观察到 test2 的主组为 users
[root@localhost ~]# id test2
uid=1002(test2) gid=100(users) groups=100(users)

# 创建新用户 test3 并指定其初始组
[root@localhost ~]# useradd -g 0 test3
[root@localhost ~]# id test3
uid=1003(test3) gid=0(root) groups=0(root)
```

```
# 创建系统用户
[root@localhost ~]# useradd -r sysuser
[root@localhost ~]# id sysuser
uid=987(sysuser) gid=984(sysuser) groups=984(sysuser)

[root@localhost ~]# echo ~sysuser
/home/sysuser
[root@localhost ~]# grep sysuser /etc/passwd
sysuser:x:987:984::/home/sysuser:/bin/bash
```

可以看到 useradd 没有为 sysuser 自动新建主目录
```
[root@localhost ~]# ls /home
test1   test3   test4   tset2
```

创建用户 test4，为其指定主目录位置，并自动建立该主目录
```
[root@localhost ~]# useradd -md /var/lib/test4 test4
```

可以发现，useradd 命令在创建用户主目录后，会将一些配置文件复制到其中
```
[root@localhost ~]# ls -la /var/lib/test4
total 12
drwx------   2 1001 1001    62 Dec  29 06:44     .
drwxr-xr-x.10 root root    106 Dec  29 18:23     ..
-rw-r--r--   1 1001 1001    18 Jan  12  2021     .bash_logout
-rw-r--r--   1 1001 1001   141 Jan  12  2021     .bash_profile
-rw-r--r--   1 1001 1001   376 Jan  12  2021     .bashrc

[root@localhost ~]# grep test4 /etc/passwd
test4:x:1004:1004::/var/lib/test4:/bin/bash

[root@localhost ~]# ls -d /var/lib/test4
/var/lib/test4
```

创建用户 test5，并为其指定登录 Shell 为/sbin/nologin
该用户无法登录系统，登录时系统会报错 "This account is currently not
available."
```
[root@localhost ~]# useradd -s /sbin/nologin test5
```

在创建用户 test6 时为其指定主组与附加组
```
[root@localhost ~]# useradd -g wheel -G games,video,audio test6
```

```
[root@localhost ~]# id test6
uid=1005(test6)  gid=10(wheel)  groups=10(wheel),20(games),39(video),
63(audio)

[root@localhost ~]# grep test6 /etc/group
games:x:20:test6
video:x:39:test6
audio:x:63:test6
```

3. 用户密码维护

新创建的用户暂时还无法登录系统，因为其密码为空且密码处于锁定状态（locked），只有当管理员给该用户分配一个密码后，密码状态才会被解锁，用户才能登录。用户密码的维护命令主要为 passwd 命令（命令 5-3）和 chage 命令（命令 5-4），前者主要用于设置密码，后者主要用于设置密码过期时间。

命令 5-3 passwd

名称
    passwd – 修改用户密码配置。
用法
    passwd [OPTION]... [LOGIN]
参数
    LOGIN
        需要修改密码信息的用户名。如果不指定此参数，则目标用户为当前登录用户。
说明
    如果当前用户为系统管理员，则可以直接修改和查看系统中所有用户的密码；如果当前用户是普通用户，只能修改和查看自己的密码，且修改时需要验证当前用户的旧密码。
选项
    -S, --status
        查看用户密码状态。输出共有 7 列，分别是用户名、密码状态（LK 为密码锁定，NP 为空密码，PS 为密码可用）、上次密码修改时间、最短密码存活期、最长密码存活期、密码过期警告期、密码过期宽限期。
    -d, --delete
        删除用户密码。
    -l, --lock
        锁定用户密码，此后用户无法再使用当前密码进行身份验证，也无法修改当前密码或通过当前密码登录系统（仍然可以通过其他方式登录系统，如 SSH 密钥证书等）。密码锁定与密码失效是不同的，锁定密码底层原理是通过在/etc/shadow 文件的用户密码密文前加感叹号"!"实现的。
    -u, --unlock
        解锁用户密码。
    -e, --expire
        使用户密码立即过期。其底层原理是将/etc/shadow 文件中用户密码配置信息的第 3 列重置为 0，系统在用户下次登录时会强制其立即修改密码。

下例演示了 passwd 命令的基本使用方法。

```
[root@localhost ~]# passwd -S test1
test1 LK 2021-12-28 0 99999 7 -1 (Password locked.)

# 修改用户密码，注意管理员无须提供该用户的旧密码就可以直接修改其密码
[root@localhost ~]# passwd test1
Changing password for user test1.
New password: # 输入密码时，屏幕没有回显，所以用户看不到其输入的密码
BAD PASSWORD: The password is a palindrome # 此行提示是因为输入的密码
# 过于简单
Retype new password:
passwd: all authentication tokens updated successfully. # 提示更新成功

# 可以观察到用户密码状态发生了改变
[root@localhost ~]# passwd -S test1
test1 PS 2021-12-29 0 99999 7 -1 (Password set, SHA512 crypt.)

# 锁定用户密码
[root@localhost ~]# passwd -l test1
Locking password for user test1.
passwd: Success

[root@localhost ~]# passwd -S test1
test1 LK 2021-12-29 0 99999 7 -1 (Password locked.)

# 可以看出被锁定用户的密码密文前被加上了两个感叹号
[root@localhost ~]# grep test1 /etc/shadow
test1:!!$6$LhorJowr9yQSE1pn$VF0i4JUBFfCGFB.jGkzFlgwhQEBuBb9ioFsVxR
xFA510QxtLaLG.Mh7.Xruzwms3uySb9twYNVYY77aaoHx7/0:18990:0:99999:7:::

# 解锁用户
[root@localhost ~]# passwd -u test1
Unlocking password for user test1.
passwd: Success

# 可以看出用户密码密文前的感叹号已被移除
[root@localhost ~]# grep test1 /etc/shadow
test1:$6$LhorJowr9yQSE1pn$VF0i4JUBFfCGFB.jGkzFlgwhQEBuBb9ioFsVxRxF
A510QxtLaLG.Mh7.Xruzwms3uySb9twYNVYY77aaoHx7/0:18990:0:99999:7:::
```

```
# 删除用户密码
[root@localhost ~]# passwd -d test1
Removing password for user test1.
passwd: Success

# 可以观察到用户密码状态发生了改变
[root@localhost ~]# passwd -S test1
test1 NP 2021-12-29 0 99999 7 -1 (Empty password.)

# 使当前密码立即过期
[root@localhost ~]# passwd -e test1
Expiring password for user test1.
passwd: Success

# 可以看出用户密码配置信息的第 3 列已经被重置为 0，表示用户下次登录时需要修改密码
[root@localhost ~]# grep test1 /etc/shadow
test1:$6$n5EOXG55RMil9ckZ$reHilR.eMuTpQxitdqd5ng3hdwBS1P/SqChCa6qA
aPu/X3kTGF2GvlvoMSAGR/6/BRAU9arJxkn5O0ni7RZWN0:0:0:99999:7:::

# 用户下次登录时，系统将提示其修改密码
You are required to change your password immediately (administrator
enforced)
Activate the web console with: systemctl enable --now cockpit.socket

Last login: Wed Dec 29 10:33:26 2021
WARNING: Your password has expired.
You must change your password now and login again!
Changing password for user test1.
Current password:
```

命令 5-4　chage

名称
    chage – 修改用户密码过期时间配置。
用法
    chage [OPTION]... [LOGIN]
参数
    LOGIN
        需要修改或查看密码过期信息的目标用户名。如果没有指定任何选项，那么该命令将以交互的形式引导管理员逐项输入目标用户的密码过期配置。
选项
    -l, --list

查看目标用户的账号过期信息。

-d, --lastday LAST_DAY

　　设置上次密码修改时间，其值表示为距离 1970 年 1 月 1 日的天数，也可以使用 YYYY-MM-DD 格式①。如果指定的选项值 LAST_DAY 为 0，系统将强制用户在下次登录时修改当前密码。

-m, --mindays MIN_DAYS

　　设置账号的密码最小生存期。

-M, --maxdays MAX_DAYS

　　设置账号的密码最大生存期。如果选项值 MAX_DAYS 为-1，表示密码不会过期，也不再检查密码是否过期。

-W, --warndays WARN_DAYS

　　设置密码过期警告期。

-I, --inactive INACTIVE

　　设置账号的密码过期宽限期。

-E, --expiredate EXPIRE_DATE

　　设置账号失效时间（即/etc/shadow 文件的第 8 列），账号失效后，用户无法再使用此账号登录系统。其值表示为距离 1970 年 1 月 1 日的天数，也可以使用 YYYY-MM-DD 格式。如果选项值 EXPIRE_DATE 为-1，表示清除该用户当前的用户失效时间。

下例演示了 chage 命令的基本使用方法。

```
# 创建用户
[root@localhost ~]# useradd tuse

# 为新用户设置一个密码
[root@localhost ~]# passwd tuser

# 列出账号的密码过期时间配置
[root@localhost ~]# chage -l tuser
Last password change                            : Dec 29, 2021
Password expires                                : never
Password inactive                               : never
Account expires                                 : never
Minimum number of days between password change  : 0
Maximum number of days between password change  : 99999
Number of days of warning before password expires : 7

# 为用户 tuser 设置一个在当前时间之前的用户账号失效日期，以模拟用户账号失效
# 此时 tuser 用户再使用其原密码登录系统时，会报错 "Your account has expired;
# please contact your system administrator."
# 注意账号失效的用户在登录系统时，如果输错原有的密码，也不会出现上述错误
[root@localhost ~]# chage -E 1988-01-01 tuser

[root@localhost ~]# chage -l tuser
```

---

① YYYY 为用 4 位数字表示的年，MM 为用两位数字表示的月，DD 为用两位数字表示的日，如 2021-09-01，其中的 "0" 不可省略。

```
Last password change                        : Dec 29, 2021
Password expires                            : never
Password inactive                           : never
Account expires                             : Jan 01, 1988
Minimum number of days between password change    : 0
Maximum number of days between password change    : 99999
Number of days of warning before password expires : 7
```

可以发现/etc/shadow 的第 8 列被设置了账号失效时间

```
[root@localhost ~]# grep tuser /etc/shadow
tuser:$6$ERUExJczIrn8t.pe$gdEYzbGQmEE3ur9olg2KeYYic3jtCtCRwFIfDFy8
APvZQh7st22I1vbM.X0YFOPtLzETVi8uDoFBAi2qlxr5g1:18990:0:99999:7::6574:
```

清除用户 tuser 的账号失效时间

```
[root@localhost ~]# chage -E -1 tuser

[root@localhost ~]# chage  -l tuser
Last password change                        : Dec 29, 2021
Password expires                            : never
Password inactive                           : never
Account expires                             : never
Minimum number of days between password change    : 0
Maximum number of days between password change    : 99999
Number of days of warning before password expires : 7
```

如果没有指定任何选项，那么该命令将以交互的形式引导管理员逐项输入目标用户的密码
过期配置
每项配置最后 "[]" 中的值是该项的默认值，如果希望使用该默认值，直接按回车键即可

```
[root@localhost ~]# chage tuser
Changing the aging information for tuser
Enter the new value, or press ENTER for the default

    Minimum Password Age [0]:
    Maximum Password Age [1]:
    Last Password Change (YYYY-MM-DD) [1980-01-01]:
    Password Expiration Warning [7]:
    Password Inactive [-1]:
    Account Expiration Date (YYYY-MM-DD) [-1]:
```

系统将强制用户在下次登录时修改当前密码
经典的使用场景：系统管理员为一批新用户分配了账号，并给账号赋予了一个相同的初始

\# 密码

    \# 为了确保系统安全，可以使用此命令，使用户首次登录时必须修改密码

```
[root@localhost ~]# chage -d 0 newuser
```

4. 删除用户

删除用户账号主要使用 userdel 命令（命令 5-5），此命令只能由系统管理员使用，且必须提供参数 LOGIN。默认情况下，只删除用户的账号，不删除其相关文件，且不能删除当前已登录用户。用户一旦被删除，就无法撤回该操作，所以删除前需要非常谨慎。

命令 5-5　userdel

名称

    userdel – 删除用户账号及其相关文件。

用法

    userdel [OPTION]... LOGIN

参数

  LOGIN

      需要删除的目标用户名。

选项

  -r, --remove

      不仅删除账号，还会删除用户主目录和该用户的邮件。注意即使指定了此参数，除了用户主目录下的文件和用户邮件，其他该用户的文件均不会被删除。

  -f, --force

      强制删除用户及其主目录和邮件，即使用户处于登录状态，也会被删除。

5. 修改用户信息

修改用户信息主要使用 usermod 命令（命令 5-6），此命令只能由系统管理员使用，且必须提供参数 LOGIN。

命令 5-6　usermod

名称

    usermod – 修改用户信息。

用法

    usermod [OPTION]... LOGIN

参数

  LOGIN

      需要修改信息的目标用户名。

选项

  -u, --uid NEW_UID

      修改用户的 UID 为 NEW_UID。

  -l, --login NEW_LOGIN

      修改用户的用户名为 NEW_LOGIN。

  -g, --gid GROUP

修改用户的初始组为 GROUP（可以是群组名或群组 GID）。
-G, --groups GROUP...
　　将用户的附加组直接设置为 GROUP（使用逗号间隔），即将用户原有的附加组完全替换成 GROUP。
-a, --append
　　将-G 指定的群组加入到用户现有的附加组中。如果不加此参数，-G 指定的群组将会完全替换用户原有的附加组。
-d, --home DIR
　　修改用户主目录为 DIR。
-m, --move-home
　　将当前用户主目录内的文件移到新的主目录（如果不存在则自动创建）中，与-d 一起使用。
-s, --shell NEW_SHELL
　　修改用户的登录 Shell 为 NEW_SHELL。
-c, --comment
　　修改用户的 GECOS 信息。

5.3.2　群组管理

1. 创建与删除群组

创建群组主要使用 groupadd 命令（命令 5-7），该命令只能由系统管理员运行。

命令 5-7　groupadd

名称
　　groupadd – 创建新的群组。
用法
　　groupadd [OPTION]... GROUP
参数
　　GROUP
　　　　需要创建的群组名。
选项
　　-g, --gid GID
　　　　指定新建群组的群组号。

删除群组主要使用 groupdel 命令，只能由系统管理员运行。在使用该命令时需要注意，为了确保所有用户都有合法的主组，如果群组是某用户的主组，那么无法删除该群组。下例演示了相关命令的基本使用方法。

```
# 创建组名为 tgroup 的群组
[root@localhost ~]# groupadd tgroup

# 创建新用户 tuser，并指定其初始组为 tgroup
[root@localhost ~]# useradd -g tgroup tuser

# 由于群组 tgroup 为用户 tuser 的主组，因此无法删除该群组
```

```
[root@localhost ~]# groupdel tgroup
groupdel: cannot remove the primary group of user 'tuser'

# 将用户 tuser 的主组修改为其他群组后，可以正常删除群组 tgroup
[root@localhost ~]# usermod -g wheel tuser

[root@localhost ~]# groupdel tgroup
```

2. 修改群组配置信息

修改群组配置信息主要使用 groupmod 命令（命令 5-8），该命令只能由系统管理员运行。

命令 5-8　groupmod
名称
groupmod – 修改群组配置信息。
用法
groupmod [OPTION]... GROUP
参数
GROUP
需要修改配置信息的群组名。
选项
-g, --gid GID
指定群组新的群组号。
-n, --new-name NEW_GROUP
指定群组新的组名 NEW_GROUP。

3. 群组密码和群组成员管理

gpasswd 命令（命令 5-9）既可以用于管理群组密码，也可以用于管理群组成员，在使用此命令时如果不指定任何选项，则会为该目标群组设置新密码。这里的群组成员特指附加组为该群组的用户，对于那些主组为该组的用户，此命令不对其进行管理。系统管理员可以为每个群组设置若干个群组管理员，只有系统管理员和群组管理员才可以管理群组密码、群成员。gpasswd 命令管理群组成员的方式是直接修改/etc/group 文件的第4 列。

命令 5-9　gpasswd
名称
gpasswd – 管理群组密码与群组成员。
用法
gpasswd [OPTION]... GROUP

参数
　GROUP
　　需要管理的目标群组名。
选项
　-r, --remove-password
　　删除群组密码。
　-R, --restrict
　　限制非组内用户将该组切换为其主组。
　-A, --administrators USER...
　　设置群组管理员为 USER。多个群组管理员用户名之间使用逗号间隔。
　-M, --members USER...
　　直接设置所有的组内用户为 USER，即将该目标群组添加到每个 USER 用户的附加组。多个用户名之间使用
　逗号间隔。只有系统管理员可以使用此选项。
　-a, --add USER
　　将用户 USER 加入该群组，即设置用户 USER 的附加组为该目标群组。
　-d, --delete user
　　将用户 USER 移出该群组，即从用户 USER 的附加组中删除该目标群组。

5.3.3 登录用户管理

1. 查看当前登录用户

查看当前系统中的登录用户主要使用 w 或 who 命令。这两个命令的区别在于 w 命令不仅可以显示当前哪个用户登录到系统，还可以显示这些用户正在执行的命令。下例演示了相关命令的基本使用方法。

```
# w 命令的输出中各列的意义分别如下
# USER：当前登录用户的用户名
# TTY：登录终端
# FROM：远程终端登录客户端的 IP 地址，如果为 "-" 表示从虚拟控制台登录
# LOGIN@：登录时间
# IDLE：空闲实现
# JCPU：该登录用户在该登录终端中运行程序所占用的 CPU 时间
# PCPU：该登录用户当前正在运行的程序所占用的 CPU 时间
# WHAT：该登录用户当前正在运行的程序
[root@localhost ~]# w
 21:21:14 up 2 days,  6:56,  2 users,  load average: 0.00, 0.00, 0.00
USER     TTY      FROM             LOGIN@   IDLE   JCPU   PCPU WHAT
tuser    tty1     -                21:18    3:00   0.00s  0.00s -bash
root     pts/0    118.230.36.145 21:17    1.00s  0.01s  0.00s w


# 列出系统中当前登录的用户信息
# who 命令的输出中各列的意义分别为：登录用户的用户名、登录的终端、登录时间及远程
客户端 IP 地址
```

```
[root@localhost ~]# who
tuser    tty1       2021-12-29 21:18
root     pts/0      2021-12-29 21:17 (118.230.36.145)

# 只显示当前终端中登录的用户信息
[root@localhost ~]# who -m
root     pts/0      2021-12-30 06:53 (118.230.36.145)
```

2. 查看用户登录日志

查看用户登录日志主要可以使用 last 和 lastlog 命令，二者的主要区别在于：last 命令可以查看截止到当前，系统记录在日志文件/var/log/wtmp 中的用户登录和重启事件，其输出中的每一行代表一次登录或重启事件信息；lastlog 命令则通过分析日志文件/var/log/lastlog，显示系统中所有用户最近一次的登录信息，其中每一行分别对应每一个用户上次登录的时间。下例演示了相关命令的基本使用方法。

```
# 查看用户登录和系统重启日志
[root@localhost ~]# last
tuser  tty1                         Wed Dec 29 21:18   still logged in
root   pts/0      118.230.36.145    Wed Dec 29 20:14 - 20:48  (00:33)
tuser  pts/1      118.230.36.145    Wed Dec 29 19:37 - 19:37  (00:00)
reboot system boot 4.18.0-277.el8.x Mon Dec 27 14:25   still running

# 查看指定用户的登录日志
[root@localhost ~]# last tuser
tuser    pts/1      118.230.36.145   Wed Dec 29 19:37 - 19:37  (00:00)

# 查看系统的重启日志
[root@localhost ~]# last reboot
reboot   system boot   4.18.0-277.el8.x Mon Dec 27 14:25   still running

# 查看系统中每个用户的上次登录时间
[root@localhost ~]# lastlog
Username     Port     From                  Latest
root         pts/0    118.230.36.145        Wed Dec 29 21:17:23 +0800 2021
bin                                         **Never logged in**
daemon                                      **Never logged in**
adm                                         **Never logged in**
lp                                          **Never logged in**
sync                                        **Never logged in**
shutdown                                    **Never logged in**
```

```
halt                                    **Never logged in**
mail                                    **Never logged in**
operator                                **Never logged in**
games                                   **Never logged in**
ftp                                     **Never logged in**
nobody                                  **Never logged in**
dbus                                    **Never logged in**
systemd-coredump                        **Never logged in**
systemd-resolve                         **Never logged in**
tss                                     **Never logged in**
polkitd                                 **Never logged in**
unbound                                 **Never logged in**
setroubleshoot                          **Never logged in**
sssd                                    **Never logged in**
clevis                                  **Never logged in**
chrony                                  **Never logged in**
systemd-timesync                        **Never logged in**

# 查看指定用户的上次登录时间
[root@localhost ~]# lastlog -u root
Username         Port    From             Latest
root             pts/0   118.230.36.145   Wed Dec 29 21:17:23 +0800 2021
```

3. 用户间消息传递

在不借助外部工具的情况下，Linux 中登录用户之间可以相互通过 write 命令（命令 5-10）和 wall 命令（命令 5-11）传递消息。如果用户不想接收其他非管理员用户的消息，可以使用 mesg 命令进行屏蔽，系统管理员发送的消息无法屏蔽。

命令 5-10　write
名称 　　write – 向登录用户发送消息。 用法 　　write LOGIN [TTY] 参数 　　**LOGIN** 　　　　消息将发送给此目标用户。 　　**TTY** 　　　　如果用户在多个终端下登录，可以通过此参数指定消息发往的终端名。

命令 5-11　wall

名称

    wall – 向所有登录用户发送广播消息。

用法

    wall [OPTION]... [MESSAGE | FILE]

参数

    MESSAGE, FILE

        指定需要发送的消息文本 MESSAGE，也可以指定文件的路径 FILE，此时会将该文件的内容作为消息发送。
        如果不指定这两个参数，那么将从标准输入中读取消息内容。

说明

    普通用户也可以发送广播消息，但是管理员用户接收不到。

选项

    -g, --group GROUP

        给指定群组中的用户发送消息，而不是给系统中的所有用户发送消息。

5.4　身　份　切　换

5.4.1　切换用户账号

    系统中不同的用户可以拥有不同的权限配置，当用户使用其账号登录系统后，可能临时需要以其他目标用户的身份执行一些命令，此时就需要用户切换其登录账号。切换用户账号最直接的方式就是退出后使用目标用户的账号再次登录，但是这种方式最大的缺点在于较为烦琐，且退出后当前 Shell 环境会被销毁。

    切换用户账号，本质上就是改变当前登录用户的 UID。为了更方便地完成用户身份切换，这里主要介绍 su 命令和 sudo 命令的使用方法。

    1. su 命令

    su（switch user 的缩写）命令的作用是直接将当前登录用户切换为目标用户，基本原理是在当前登录 Shell 环境下再为目标用户临时打开一个 Shell。在这个切换过程中，当前用户不需要退出就可以直接登录目标用户账号，完成任务并退出目标用户账号后，原始 Shell 环境依然得以保留。普通用户切换为其他目标用户时，需要正确输入目标用户的密码；管理员用户切换为其他目标用户时，不需要提供目标用户的密码。

    使用 su 命令（命令 5-12）时有一个重要概念就是登录式 Shell 与非登录式 Shell。在指定-l 选项时，su 命令为目标用户打开的是登录式 Shell；在不指定选项-l 时，打开的则是非登录式 Shell。登录式 Shell 与非登录式 Shell 的区别如下。

    1）登录式 Shell：尽量模拟用户真实登录系统后的 Shell 环境，在为目标用户打开的新 Shell 环境中将清除当前登录 Shell 环境下大部分的环境变量,初始化环境变量 HOME、SHELL、USER、LOGNAME、PATH 的值，并将当前工作路径切换为目标用户的主目录。

2）非登录式 Shell：一种相对便捷的用户切换方式，会保留切换前 Shell 环境中的大部分环境变量（环境变量 HOME、SHELL、USER、LOGNAME 不会被保留，系统会自动设置新的值）。

命令 5-12　su

名称

 su – 将当前登录用户切换为目标用户。

用法

 su [OPTION]... [LOGIN]

参数

 LOGIN

  指定需要切换成的目标用户名。如果不指定此参数，默认会尝试切换为管理员 root。

 ARGUMENT

  如果用户在多个终端下登录，可以通过此参数指定消息发往的终端名。

选项

 -s, --shell=SHELL

  为目标用户打开选项值 SHELL 中定义的 Shell。如果不指定此选项，默认情况下将打开/etc/passwd 文件中定义的目标用户登录 Shell。

 -c, --command=CMD

  将选项值 CMD 中指定的命令传递给为目标用户打开的 Shell 并执行，执行完毕后自动退出该 Shell，以原始用户的身份回到切换用户前的 Shell 环境中。

 -, -l, --loginnvironment

  以登录式 Shell 的形式为目标用户打开 Shell。如果不指定此选项，默认会打开非登录式 Shell。

 -m, -p, --preserve-environment

  在为目标用户打开的 Shell 中保留所有的环境变量。

2. sudo 命令

使用 sudo 命令（命令 5-13）可以临时以目标用户的身份执行一条命令。其与 su 命令的不同之处主要有以下几点。

1）sudo 命令在以目标用户身份执行时不会为目标用户打开一个新的 Shell，在执行完命令后，会立即回归到原始用户的身份。

2）管理员用户修改相关配置文件后，系统中新建的普通用户才被获准使用 sudo命令。

3）非管理员用户在使用 sudo 命令时，需要输入自己的密码①，而不是目标用户的密码。

4）sudo 命令提供了较为精细的权限控制机制，能够控制哪些用户可以切换为哪些用户并执行哪些命令。

———————————

① 默认情况下，如果距离上次成功使用 sudo 命令的时间间隔在 5 min 内，那么再次执行 sudo 命令时不需要再次输入密码。

命令 5-13 sudo

名称

    sudo – 以目标用户的身份执行命令。

用法

    sudo [OPTION]... CMD

参数

    CMD

        需要以目标用户身份执行的命令。

选项

    -u LOGIN

        指定目标用户的用户名。如果不指定此选项，sudo 命令将以管理员用户的身份执行命令。

    -b

        将命令放到系统后台执行。

普通用户在默认情况下无法使用 sudo 命令，下面介绍如何对其进行配置以开启普通用户使用 sudo 命令的权限。sudo 命令的主要配置文件为/etc/sudoers，一般不直接使用文本编辑器打开该文件，而是通过 visudo 命令间接打开该文件进行阅读和编辑。默认情况下，只有管理员能使用 visudo 命令。

visudo 命令默认使用 vi 编辑器，为了让该命令使用 nano 编辑器，在使用 visudo 前需要首先配置环境变量 EDITOR=nano，注意修改完文件后必须保存并退出，改动后的配置才会生效。在文件/etc/sudoers 中以"#"开头的行是注释，其中基本配置的格式[①]为"使用者 主机=(用户列表) 命令列表"（表 5-1），其中各部分的意义如下。

表 5-1　/etc/sudoers 文件中基本配置语句的使用方法举例

配置语句举例	作用
root ALL=(ALL) ALL	从所有主机登录的 root 用户，都可以将其身份切换为任何用户，执行任何命令
%wheel ALL=(ALL) ALL	从所有主机登录、属于群组 wheel 的用户，都可以将其身份切换为任何用户，执行任何命令
%users localhost=(root) /sbin/shutdown,/usr/bin/id	从 localhost 主机登录、属于群组 users 的用户可以切换为 root 用户，执行/sbin/shutdown 命令与/usr/bin/id 命令
user ALL=(root) !/usr/bin/passwd, !/usr/bin/passwd root, /usr/bin/passwd [A-Za-z]*	从所有主机登录的 user 用户，都可以将其身份切换为 root 用户，可以使用 passwd 命令修改除 root 用户以外其他用户的密码

1）使用者：表示该行是对哪些使用者进行的配置，可以是用户名或者群组名（前面需要加百分号"%"）。如果取值为 ALL，表示本行对所有用户生效。

2）主机：表示允许使用者从哪些主机上登录。如果取值为 ALL，表示允许从所有主机登录。

3）用户列表：表示可以使用 sudo 命令切换为哪些用户，多个用户之间使用逗号","间隔。如果取值为 ALL，表示可以切换为所有用户。

---

① /etc/sudoers 文件还支持更多复杂、精细的权限配置表达式，限于篇幅，本书只介绍最基本的用法。

4）命令列表：表示切换用户身份后允许或不允许使用的命令（前面需要加感叹号
"!"），命令需要通过绝对路径指定，多个命令之间使用逗号","间隔。如果取值为 ALL，
表示允许使用所有命令。

下例演示了 sudo 和 visudo 命令的基本使用方法。

```
# 新建一个用户 tu1，为其设置密码并登录
# 第一次使用 sudo 命令时会打印警告信息，用于提示用户注意系统安全，不要滥用 sudo
# 命令
# 由于没有对 sudo 命令进行配置，因此用户 tu1 无法使用 sudo 命令
[tu1@localhost ~]$ sudo id

We trust you have received the usual lecture from the local System
Administrator. It usually boils down to these three things:

    #1) Respect the privacy of others.
    #2) Think before you type.
    #3) With great power comes great responsibility.

[sudo] password for tu1:
tu1 is not in the sudoers file.  This incident will be reported.

# 此时需要登录管理员账号，使用 visudo 命令编辑/etc/sudoers 文件，在其中加入以
#下内容
[root@localhost ~]# export EDITOR=nano
[root@localhost ~]# visudo
（省略其他内容）
# 加入以上内容后，用户 tu1 就可以使用 sudo 命令了
tu1     ALL=(ALL)        ALL
```

一些用户认为通过 sudo 命令获取系统管理员权限较为麻烦，所以他们在进入系统
后直接使用 su - root 命令切换为管理员用户进行后续的操作。但这里必须指出，在实际
工作中这样操作是非常不安全的，用户应该在必要时才使用 sudo 命令临时获取管理员
权限，而不是直接切换为管理员用户。这样可以在最大程度上提高系统的安全性，其原
因包括：sudo 命令不需要管理员密码，不会造成管理员密码的泄露；可以避免误操作，
避免使用管理员权限执行一些危险命令；有利于安全审计，sudo 命令可以控制哪些用户
能够使用管理员权限执行哪些命令。

5.4.2　切换主组

登录用户有时需要将自己的主组切换为其他的群组，此时可以使用 newgrp 命令（命
令 5-14）。切换用户主组，本质上就是改变当前登录用户的 GID。

命令 5-14　newgrp

名称

newgrp – 切换当前登录用户的主组。

用法

newgrp [GROUP]

参数

GROUP

当前用户主组所需切换的目标群组。如果不指定此参数，默认将会切换回在/etc/passwd 文件中定义的用户主组。

显然，用户主组不能随意切换为任何群组，必须遵守下列规则。

1）管理员用户可以在无群组密码的情况下任意切换主组。

2）普通用户可以在无群组密码的情况下，将自己的任一附加组切换为当前的主组。

3）普通用户可以在有目标群组密码的情况下，将该群组切换为当前的主组。如果群组本身没有设置密码，此时也不能切换。

思考与练习

1. UID 为 0 的用户一定是管理员用户吗？UID 为 2000 的用户一定是普通用户吗？

2. Linux 中为什么要允许存在不能登录系统的用户？

3. 用户登录时，输入了正确的用户名，但是无法登录系统，可能的原因有哪些？

4. 当/etc/shadow 或/etc/gshadow 泄露后，是否意味着相关密码已经泄露，可以被他人直接使用？

5. 用户可不可以不属于任何群组？

6. 解释群组、初始组、附加组、主组这几个概念的意义。

7. 系统是如何获取某登录的主组与附加组的？这两种类型的群组有哪些主要区别？

8. 通过哪几种方法可以修改用户的登录 Shell？

9. 删除用户时，是否会自动删除用户主目录？是否会自动删除操作系统中该用户的所有文件？

10. 用户密码和群组密码的作用分别是什么？

11. 系统管理员可以有零个或多个吗？群组管理员可以有零个或多个吗？

12. 联系系统管理员修改密码时，需要告知自己的旧密码吗？

第6章 文件权限

6.1 文件归属

6.1.1 基本概念

Linux 系统管理的所有文件都有明确的归属信息，称为文件归属（file ownership），它决定了文件的"主人"到底是谁，系统中不存在所谓的"无主"文件。文件归属具体包含以下两项属性。

1）归属用户：表示文件所属的用户，即文件的拥有者，也称属主。

2）归属群组：表示文件所属的群组，也称属组。

文件在被创建时，其默认的归属用户为创建该文件的用户，归属群组则为该用户的主组。文件同时只能有一个归属用户与一个归属群组。这里需要注意，文件的归属用户与归属群组不一定有对应关系，即文件的归属用户并不一定是文件归属群组的组内成员。用户可以通过 ls -l、stat 等命令查看文件的归属情况。

6.1.2 修改文件归属

归属用户与归属群组可以通过 chown（命令 6-1）、chgrp（命令 6-2）等命令进行更改，其区别如下：chown 命令既能更改文件的归属用户也能更改其归属群组，而 chgrp 命令只能更改文件的归属群组。

为了提高系统的安全性，在使用这些命令更改文件归属信息时，有如下限制：即使普通用户是文件的归属用户，也无法将文件的归属用户更改为其他用户；只有当文件归属用户是希望更改的目标群组的组内成员时，才能更改文件的归属群组。之所以有上面的限制，是因为如果系统允许普通用户随意地将属于自己的文件更改到其他用户名下，一旦该文件存在安全隐患或者造成安全事故，其他用户无法自证此文件不是属于自己的。

命令 6-1　chown
名称
chown – 更改文件归属用户与归属群组。
用法
chown [OPTION]... [OWNER][:[GROUP]] FILE...
参数

OWNER
　　指定归属用户。
GROUP
　　指定归属群组。注意群组名前需要加冒号":"。
FILE
　　需要修改归属信息的目标文件。
选项
　-R, --recursive
　　如果参数 FILE 为目录，将修改该目录及其所有子文件的归属信息。

命令 6-2　chgrp

名称
　chgrp – 更改文件归属群组。
用法
　chgrp [OPTION]... GROUP FILE...
参数
　GROUP
　　指定归属群组。
　FILE
　　需要修改归属信息的目标文件。
选项
　-R, --recursive
　　如果参数 FILE 为目录，将修改该目录及其所有子文件的归属群组。

6.2　权限的表示

6.2.1　权限

1. 基本权限类型

权限设计是操作系统中非常重要的一部分，很大程度上决定了系统的安全性，权限决定了系统允许用户以怎样的形式访问计算机资源。在 Linux 中"一切皆文件"，大部分的计算机资源都被抽象为文件，所以 Linux 操作系统权限设计的核心就是文件，通过对文件设置权限，控制不同用户对文件的访问行为。普通用户的访问行为在没有相应权限时，系统一般会提示"Permission denied"错误，而系统管理员则可以绕过大部分的权限限制。

用户对文件的访问行为基本可以分为从文件中读取数据、将外部数据写入文件和将文件作为程序执行。针对这些不同类型的访问行为，Linux 分别设计了 3 种基本权限类型：读权限、写权限和可执行权限。每种权限类型都有不同的字母和数字与之对应（表 6-1）。

表 6-1　基本权限类型

权限类型	对应字母	对应数字	对于非目录文件的意义	对于目录的意义
可读	r	4（2^2）	允许从文件中读取数据	允许读取目录清单（如通过 ls 命令列出子文件）
可写	w	2（2^1）	允许向文件中写入、输入	允许修改目录清单（如在目录下新建、删除、移动、重命名文件）
可执行	x	1（2^0）	允许将文件当作程序执行	允许进入该目录（如通过 cd 命令切换到目录中）并访问子文件

通过表 6-1 可以看出，每种权限对于非目录文件与目录的意义有所不同，这就产生了一些需要注意的情况。

1）非目录文件和目录的写权限的区别：用户能否新建、删除或者移动（重命名）一个文件，不取决于该用户是否拥有该文件的写权限，而是取决于是否拥有该文件所在目录的写权限。换句话说，如果某用户拥有目录的写权限，即使该用户没有目录子文件的写权限，不能修改子文件内容，但是也能任意删除、移动（重命名）其中的文件。

2）可执行权限对于目录的重要性：当用户不具有目录的可执行权限时，即使其拥有子文件的读写权限，即使其是子文件的归属用户，也无法读写该目录下的任何子文件；即使拥有对目录的可读权限，也只能得到子文件的文件名，而无法得到这些子文件的其他详细属性。

2. 权限单元

基本权限类型规定了 3 种用户对文件访问行为的许可，将这 3 种基本权限类型组合在一起形成了基本权限单元，通过基本权限单元就可以较为完整地描述某类用户对文件的权限。那么如何将 3 种基本权限组合在一起呢？基本权限单元有两种组合方式：字母形式与数字形式。

1）字母形式（symbolic mode）：以三位字母表示为"RWX"字符串的形式，其中每一位称为权限位，R 表示读权限位，W 表示写权限位，X 表示执行权限位。在每个权限位上，如果文件有相应的权限，则在权限位上填写权限的对应字母；如果没有相应权限，则填写"-"。注意权限位的顺序是固定的，不能随意调换或省略，如 rw、xwr、rww 等都是错误的写法。

2）数字形式（octal mode）：表示将文件拥有权限对应的数字做加和运算后得到的整数（采用八进制表示）。例如，拥有可读、可写权限，那么其数字形式就是 4+2=6。数字形式与字母形式不能混用。

同一种权限的字母形式与数字形式之间可以相互转换（表 6-2），读者应通过实际操作、多次练习对其熟练掌握。

表 6-2　基本权限单元字母形式与数字形式的对应关系

字母形式	数字形式	意义
rwx	7	可读、可写、可执行，也称满权限

续表

字母形式	数字形式	意义
rw-	6	可读、可写，但是不可执行
r-x	5	可读、可执行，但是不可写
r--	4	可读，但是不可写、不可执行
-wx	3	可写、可执行，但是不可读
-w-	2	可写，但是不可读、不可执行
--x	1	可执行，但是不可读、不可写
---	0	不可写、不可读、不可执行

6.2.2 UGO 权限

1. 基本概念

为了更加精细地提供权限控制，系统中所有的用户被分为 3 类：文件归属用户（U）、文件归属群组的组内用户（G）和其他用户（O）。在此基础上，系统为每类用户分别赋予权限单元，规定每类用户对文件可以执行的访问行为，这种为 U、G、O 三类用户分别赋权的文件权限表示方式被称为 UGO 权限。

那么当用户访问文件时，系统如何判断该用户应当应用 U、G、O 三类用户权限中的哪一类呢？这个判断过程主要分为下面 3 步。

1）如果用户为该文件的归属用户，那么应用 U 类用户对应的权限。

2）如果用户是文件归属群组的组内用户，即文件归属群组是用户的主组或附加组，那么应用 G 类用户对应的权限。

3）如果用户同时不满足上面的两个条件，那么应用 O 类用户对应的权限。

在具体书写文件的 UGO 权限的表达式时，只要将 U、G、O 三类用户权限单元的字母形式或数字形式依次拼接在一起即可（图 6-1）。

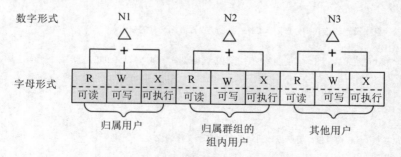

图 6-1 UGO 权限的字母形式与数字形式

根据权限单元表示方法的不同，UGO 权限也分为字母形式和数字形式两种，权限单元的字母形式为 3 位，数字形式为 1 位。组合在一起的 UGO 权限，其字母形式为 9 位（3×3），数字形式为 3 位（1×3），如表 6-3 所示。

表 6-3　UGO 权限表达式举例

字母表示形式	数字表示形式
rwxrwxrwx	777
rw-rw-rw-	666
rw-r--r--	644
rwxr-xr-x	755
rw-------	600

2. 查看 UGO 权限

ls 与 stat 等命令都可以用来查看文件的 UGO 权限。在 CentOS 中，ls -l 命令输出结果的第一列一般包含 11 位，其中第一位表示文件类型，而后九位就是 UGO 权限的字母表示形式。

3. 修改 UGO 权限

修改 UGO 权限主要使用 chmod 命令（命令 6-3），该命令只能由文件归属用户和系统管理员执行。

命令 6-3　chmod

名称
　chmod – 修改文件权限。
用法
　chmod [OPTION]... MODE[,MODE]... FILE...
　chmod [OPTION]... OCTAL-MODE FILE...
　chmod [OPTION]... --reference=RFILE FILE...
参数
　MODE
　　　chmod 权限设置表达式。会按照 MODE 表达式设置目标文件的权限。
　OCTAL-MODE
　　　数字形式的权限表达式。会将目标文件的权限直接设置为 OCTAL-MODE。
　FILE
　　　需要设置权限的目标文件。
选项
　-R, --recursive
　　　如果参数 FILE 为目录，将修改该目录及其所有子文件的权限。
　--reference=RFILE
　　　按照选项值 RFILE 文件的权限设置目标文件的权限。

chmod 命令的灵活性主要体现在其设置权限的方式上，除了可以使用数字形式直接设置文件的 UGO 权限外，还支持通过其参数 MODE 使用一些非常方便的 chmod 权限设置方式（表 6-4），一般格式为 [ugoa...][+-=][PERMS]。

表 6-4　chmod 权限设置表达式举例

chmod 权限设置表达式	意　义
u+x	为归属用户增加可执行权限
go-wx	为归属群组组内用户和其他用户去除可写和可执行权限
a+w	为所有用户都增加可写权限
u=rw	将归属用户的权限设置为可读和可写
u=g	将归属群组组内用户的权限复制给归属用户
go=	不为归属群组组内用户与其他用户赋予任何权限

chmod 权限设置表达式分为 3 个部分。

1）最左边的[ugoa...]表示该表达式是为哪些用户赋予权限。其中，u 表示为归属用户设置权限，g 表示为归属群组的组内用户设置权限，o 表示为其他用户设置权限，a 表示为系统中所有的用户设置权限。上述多个字母（除 a 以外）互相之间可以组合，用于描述多组用户，如 ug 表示归属用户与归属群组的组内用户。

2）中间的[+-=]为操作符。其中，"+"表示操作符左边的用户增加其右边的权限，"-"表示减少权限，"="表示直接设置权限。

3）最右边的[PERMS]表示具体指定的是哪些权限。其写法有 3 种：第 1 种是[rwx...]，通过 rwx 这 3 个字母的组合，表示可读、可写和可执行 3 种权限的组合；第 2 种是[ugo]，表示直接将这 3 个字母分别对应用户的权限复制给操作符左边的用户；第 3 种是不填写任何内容，表示空权限，即没有任何权限，通常与操作符 "=" 一起使用，此时表示去除用户的所有权限。

这里还需要对软链接和硬链接的权限进行说明。

1）所有软链接自身的权限都显示为 777，但是其意义不大。默认情况下，当使用 chmod 命令修改软链接权限时，最后其实修改的还是其源文件的权限。

2）同一 inode 对应的所有硬链接都拥有相同的属性，所以对其中一个硬链接修改权限后，其他所有的硬链接权限也会随之改变。

6.2.3　文件的默认权限

1. 权限掩码

读者可能会注意到，用户在创建新文件时，系统会给该新文件赋予一个默认的权限。新建文件的默认初始权限和当前 Shell 环境下的权限掩码（umask）有关：权限掩码规定了新建文件不应具有的权限，这样只要从完整权限中去除权限掩码对应的权限即可得到该新文件的默认权限。需要注意的是，这里的"去除"指的不是直接对权限的数字形式做减法。

目录和普通文件的完整权限是不同的，目录的完整权限是 777（rwxrwxrwx），普通文件的完整权限则是 666（rw-rw-rw-）。之所以有此规定，是出于对系统安全性的考虑：默认情况下，普通文件不应当具有可执行权限，以防止其中含有恶意代码的普通文件对系统产生危害；而可执行权限对于目录而言意味着可以进入，一般情况下目录都是允许进入的，因此相对于普通文件，目录的完整权限给予了额外的可执行权限，即 777。

CentOS 中系统管理员和普通用户的默认权限掩码是不同的：系统管理员的默认权限掩码为 022，由其新建的普通文件的权限为 644、新建目录的权限为 755；而普通用户的默认权限掩码为 002，由其新建的普通文件的权限为 444、新建目录的权限为 775。换句话说，二者的区别在于系统管理员创建的新文件默认对于归属群组组内用户是不可写的，而普通用户创建的新文件对于归属群组组内用户是可写的。之所以有此规定，主要是因为考虑到系统管理员的文件相对更为重要，所以其创建的文件默认应当具有更严格的文件权限。

2. 文件默认权限的计算方法

文件默认权限不是直接通过将完整权限的数字减去权限掩码获得，其计算方法有两种。

1）二进制计算法：将权限掩码从八进制表示形式变为二进制表示形式，然后按位取反，最后再与完整权限的二进制按位进行与运算得出。例如，当权限掩码为 321 时，计算新建普通文件默认权限的过程如下。

$$umask = 321 = 0011\ 0010\ 0001$$
$$NOT(umask) = 1100\ 1101\ 1110$$
$$666 = 0110\ 0110\ 0110$$
$$NOT(umask)\ \&\ 666 = 0100\ 0100\ 0110 = 446 = r - - r - - rw -$$

计算新建目录默认权限的过程如下。

$$umask = 321 = 0011\ 0010\ 0001$$
$$NOT(umask) = 1100\ 1101\ 1110$$
$$777 = 0111\ 0111\ 0111$$
$$NOT(umask)\ \&\ 777 = 0100\ 0101\ 0110 = 456 = r - - r - xrw -$$

再举一个权限掩码为 022 时，新建文件默认权限的计算过程。

$$umask = 022 = 0000\ 0010\ 0010$$
$$NOT(umask) = 1111\ 1101\ 1101$$
$$666 = 0110\ 0110\ 0110$$
$$NOT(umask)\ \&\ 666 = 0110\ 0100\ 0100 = 644 = rw - r - - r - -$$

2）字母形式比较法：直接将完整权限与权限掩码的字母形式写出来，然后进行对比判断，这种方法比较简单直观。例如，当权限掩码为 321 时，计算新建普通文件默认权限的过程如下。

$$666 = r\ w - r\ w - r\ w -$$
$$- 321 = - w\ x - w - - - x$$
$$\overline{}$$
$$r - - r - - r\ w -$$

计算新建目录默认权限的过程如下。

$$
\begin{array}{r}
777 = r\ w\ x\ r\ w\ x\ r\ w\ x \\
- 321 = -\ w\ x\ -\ w\ -\ -\ -\ x \\
\hline
r\ -\ -\ r\ -\ x\ r\ w\ -
\end{array}
$$

当权限掩码为 022 时，新建文件默认权限的计算过程如下。

$$
\begin{array}{r}
666 = r\ w\ -\ r\ w\ -\ r\ w\ - \\
- 022 = -\ -\ -\ -\ w\ -\ -\ w\ - \\
\hline
r\ w\ -\ r\ -\ -\ r\ -\ -
\end{array}
$$

3. 修改权限掩码

如果用户临时希望修改权限掩码，可以使用 umask 命令。但需注意，umask 命令只能修改当前 Shell 环境下的权限掩码，用户重新登录后，权限掩码还会恢复默认的 002。如果用户希望永久修改权限掩码，则应将 umask 命令写入 Shell 的配置文件（如~/.bash_profile）。

6.3 特殊权限类型

6.3.1 基本概念

除了可读、可写、可执行这 3 种基本权限类型以外，Linux 还提供了 3 种特殊权限类型（表 6-5），分别为 SUID、SGID 和 SBIT（sticky bit）。为了保证系统安全，特殊权限中的 SUID 与 SGID 均只能由系统管理员为文件设置，普通用户无权设置上述两种特殊权限。这些特殊权限类型都有较为特殊的用途，所以在用户使用这些特殊权限时，必须非常小心。与普通的基本权限相似，系统管理员也同样不受特殊权限的限制。

表 6-5　特殊权限类型

特殊权限	对应字母	对应数字	在 UGO 权限表达式中的位置	应用目标
SUID	s	4	归属用户权限单元的可执行权限位	仅可用在二进制程序文件上，不能用在脚本程序上
SGID	s	2	归属群组权限单元的可执行权限位	可用在二进制程序文件和目录上
SBIT	t	1	其他用户权限单元的可执行权限位	只可用在目录上

1. SUID

默认情况下，程序文件会以其启动者的身份运行。例如，不同的用户运行 id 命令会得到不同的身份信息输出。但是如果用户对于标记了 SUID 权限的二进制程序文件具有可执行权限，那么该用户在运行该文件时，启动的进程将以程序文件归属用户的身份运行，获得归属用户的所有权限，而不再是以其启动用户的身份运行（图 6-2）。换句话说，对于拥有 SUID 权限的二进制程序文件，无论是哪个用户运行该程序，都将在程序运行时具有该程序文件归属用户的所有权限。

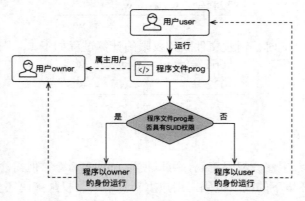

图 6-2　SUID 权限的基本原理

当标志 s 出现在文件归属用户的可执行权限位上时，表明该文件具有 SUID 权限。SUID 权限仅在程序文件运行时有效，且仅可用在二进制程序文件上，包括在脚本上也不可以使用。

这里举一个 Linux 系统中实际的例子。如前文所述，普通用户使用 passwd 命令可以修改自己的密码，但实际上 passwd 命令底层也是通过修改/etc/passwd 文件实现的。这里就出现了一个冲突：普通用户并没有/etc/passwd 文件的可写权限，那么为何由普通用户启动的 passwd 命令却可以修改该文件呢？答案就在于 passwd 命令对应的程序文件/usr/bin/passwd 具有 SUID 权限，通过 ll 命令可以观察到这一点。

```
[u1@localhost ~]# ll 'which passwd'
-rwsr-xr-x. 1 root root 33600 Apr  7 2020 /usr/bin/passwd
```

2. SGID

SGID 特殊权限既可以应用于二进制可执行程序文件，也可以应用于目录。在这两种情况下，SGID 的作用如下。

1）二进制文件的 SGID 权限：此时与文件的 SUID 权限类似，如果用户对于标记了 SGID 权限的二进制程序文件具有可执行权限，那么该用户在运行该文件时，启动的进程将在运行时获得文件归属群组的所有权限，而不再是获得启动该程序文件用户主组的权限。

2）目录的 SGID 权限：此时该目录下新建文件的归属群组为该目录的归属群组，而不再是新建该文件用户的主组。

SGID 的对应字母与 SUID 相同，同样都是 s，其区别如下：当标志 s 出现在文件归属群组权限单元的可执行权限位时表示 SGID，当标志 s 出现在文件归属用户权限单元的可执行权限位时表示 SUID。

3. SBIT

SBIT 特殊权限只能应用于目录，当目录被赋予 SBIT 权限时，该目录下新建的文件只能由其归属用户和系统管理员进行删除和移动等操作，其他用户即使拥有该目录的可写权限，也无权进行上述操作。SBIT 权限的代表字母为 t，会出现在目录中 UGO 权限表达式的其他用户权限单元的可执行权限位上。

通常情况下，对于系统中多个用户共享使用的目录，应该赋予该目录 SBIT 权限，以保证用户不会无意或故意地删除其他用户的文件。系统中的缓存目录/tmp 就利用了这一机制，在允许任何用户都可以使用该目录的前提下，确保了其中的文件只能由其归属用户删除或移动。

6.3.2 管理特殊权限

设定文件特殊权限主要使用 chmod 命令。用户既可以使用 chmod 权限设置表达式，也可以直接使用权限数字形式。

1）当使用 chmod 权限设置表达式时，直接应用特殊权限对应的字母即可。

2）当直接使用权限数字形式时，需要首先按照表 6-5 计算 3 种特殊权限对应数字的加和，然后将此加和填写在基本权限表达式的 3 位数字之前，最终形成一个 4 位数字形式的权限。例如，当某文件特殊权限为 SGID 和 SBIT、基本权限为 rw-r--r--（644）时，首先计算特殊权限对应数字加和为 4+1=5，最终该文件权限的数字形式为 5644。当文件没有任何特殊权限时，权限表达式 4 位数字形式的首位将为 0，此时可以将其首位"0"省略，只留余下的 3 位数字；反之亦然，当权限表达式的数字形式为 3 位数时，表示该文件不具有任何特殊权限。

6.4　ACL 权限

6.4.1 基本概念

UGO 权限可以满足用户大部分情况下对文件权限设置的需求，但是 UGO 权限仅将所有用户分成 3 类，无法精确到单个用户的权限控制粒度。考虑到这一点，Linux 提供了一种细粒度的权限设置方法，称为访问控制列表（access control list，ACL）权限。ACL 权限与 UGO 权限并不冲突，ACL 权限在 UGO 权限的基础上提供了一个额外的、更灵活的、更精细的权限管理机制，一个文件既可以被设置为 UGO 权限，也可以被设置为 ACL 权限。

ACL 权限提供了 UGO 权限无法实现的功能，具体如下。

1）存取 ACL：为单个用户或群组设置文件权限。

2）默认 ACL：针对目录可以设置默认 ACL 权限。在该目录下创建新文件时，将继承该目录的默认 ACL 权限。

ACL 权限需要 Linux 内核和文件系统的配合才能工作，要求 Linux 内核版本不能低于 2.6。CentOS 中常用的 XFS、ExtFS 文件系统也都支持 ACL 权限，目前大多数 Linux 发行版本在默认情况下也是支持的。

6.4.2 管理命令

使用 setfacl 命令（命令 6-4）可以为文件设置 ACL 权限，使用 getfacl 命令可以查看文件的 ACL 权限设置情况。任何用户都可以查看文件的 ACL 权限设置，但只有文件归属用户和系统管理员可以设置文件的 ACL 权限。

命令 6-4　setfacl

名称
　　setfacl – 设置文件的 ACL 权限。
用法
　　setfacl [OPTION]... FILE...
参数
　　FILE
　　　　需要设置 ACL 权限的目标文件。
选项
　　-b, --remove-all
　　　　删除所有的 ACL 权限。
　　-d, --default
　　　　设置目录的默认 ACL 权限。
　　-k, --remove-default
　　　　删除默认 ACL 权限。
　　-m, --modify ACL_SPEC...
　　　　按照 ACL 权限设置表达式 ACL_SPEC 增加 ACL 权限。多个表达式之间使用逗号间隔。
　　-x, --remove ACL_SPEC...
　　　　按照 ACL 权限设置表达式 ACL_SPEC 删除 ACL 权限。多个表达式之间使用逗号间隔。
　　-R, --recursive
　　　　如果参数 FILE 为目录，将修改该目录及其所有子文件的归属信息。

在设置 ACL 权限时，可以采用 ACL 权限表达式，其具体构造方法如表 6-6 所示。该表中 PERMS 为字母形式或数字形式的基本权限单元，当表达式最左边出现"d:"时，表示该表达式设置的是目录的默认 ACL 权限（相当于指定-d 选项）；如果不出现"d:"，表示此时设置的是存取 ACL 权限。

表 6-6　ACL 权限设置表达式

表达式	意义
[d:]u:[USER]:PERMS	为用户 USER 设置权限。如果没有指定 USER，表明是为文件归属用户设置权限
[d:]g:[GROUP]:PERMS	为群组 GROUP 的组内用户设置权限。如果没有指定 GROUP，表明是为文件归属群组设置权限
[d:]o:PERMS	为其他所有没有单独设置过 ACL 权限的用户设置权限

思考与练习

1. 为什么即使是文件的归属用户也无法通过 chown 命令更改文件的归属用户？

2. 在修改文件权限时，新权限有哪些表示形式？这些表示形式各有何优缺点？

3. UGO 权限的数字表示形式何时必须写成 4 位数字？何时可以写成 3 位数字？

4. 当某用户为某文件的归属用户，且其当前主组为该文件的归属群组，那么该用户访问该文件时，将应用 UGO 权限中的哪类权限？

5. 如果在文件 x 权限位上出现了特殊权限字母，是否代表该权限位对应用户不具有 x 权限？

6. 为什么 Linux 有了 UGO 权限，还要提出 ACL 权限？这两种权限可以共存吗？

7. 命令 setfacl 的 -R 和 -m 选项都能用于设置目录子文件 ACL 权限，它们的区别是什么？

8. 通过哪些方法能控制未来新建文件的权限？

9. 在 CentOS 中，默认情况下普通用户新建的文件和目录的权限是什么？在不直接使用命令的情况下，给出具体计算过程。

10. 哪些原因会导致用户读写文件时出现 Permission denied 错误？

第 7 章　网 络 管 理

7.1　网络基础知识

7.1.1　网络接口

1. 基本概念

计算机通过网络接口与外部网络进行数据通信，网络接口一般被安装在网络接口卡（简称网卡，图 7-1）上，一块网络接口卡可以存在一个或多个网络接口。网卡是一种硬件，全称为网络接口控制器（network interface controller，NIC）或网络适配器（network adaptor）。网卡与计算机主板的连接方式包括板载、PCI、USB 等，网卡上的网络接口与外部网络的连接方式包括双绞线、光纤等。系统中显示的网络接口有的对应硬件网卡，有的则是通过软件抽象的方式虚拟实现的。

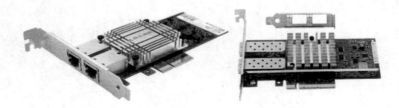

图 7-1　网络接口卡

2. 查看网络接口

计算机中包含多个网络接口，用户可以使用网络接口名指代某个网络接口。这里介绍两种查看系统中所有网络接口的方法：一种是使用 ip link 命令；另一种是查看 /sys/class/net/ 目录，该目录是 Linux 内核根据当前计算机状态自动生成的一个虚拟目录，其所有子文件都对应了系统中的一个网络接口，这些文件的文件名即网络接口名。

在上面例子出现的网络接口中，enp1s0f0、enp1s0f1、enp3s0f0、enp3s0f1 都对应了真实存在的硬件网卡，lo、virbr0、docker0、tun0 等都是软件虚拟实现的网络接口。这里着重介绍一下 lo 这个特殊的网络接口。

lo 网络接口称为本地回环（loopback），其绑定的 IP 地址一定是 127.0.0.1/8，不属于任何一个有类别地址类。本地回环是代表计算机本地内部网络的虚拟接口，该接口在系统开机时自动生成，即使系统没有连入网络，但是只要网络功能正常启动，就会有此网络接口。只有本地计算机内部的程序之间可以通过此网络接口进行通信，外部计算机设备无法通过此网络接口与本地计算机进行网络通信。本地回环的主要作用如下。

1）提供了一种重要的计算机内部进程间的通信途径。

2）实现了仅供计算机内部进程访问的网络服务，增加了系统安全。

3）在没有真正连入网络前，也可以通过本地回环检测本地计算机的网络功能是否正常。

3. 网络接口的命名标准

有硬件网卡对应的网络接口有两套命名标准：传统命名方法和一致性网络接口命名方法（consistent network device naming）。在较旧版本的 Linux 系统中，一般采用传统命名方法，系统在启动时按照发现网卡的顺序命名网络接口名称，如 eth0、eth1 就是系统发现的第一块、第二块以太网卡。传统命名方法的缺点是，无法保证系统在每一次启动时发现网卡的顺序都是一致的，网络接口名与物理网卡并不总是一一对应的，系统重启后，物理网卡可能被分配到不同的网络接口名，所以传统命名方式是"不可预测的"，必须要等到系统启动后，才能确定每个网络接口的名称。

相比于传统命名方法，一致性网络接口命名方法更为稳定（表 7-1）。较新版本的 Linux 大多采用可预测的网络接口命名方法，这种方法基于计算机固件、硬件拓扑和设备位置信息来为网卡分配固定的网络接口名，由于上述属性都与操作系统无关，所以能够保证网卡在每次启动后都具有相同的网络接口名。用户甚至不需要启动系统，就可以根据网卡的硬件安装信息得到其对应的网络接口名。

表 7-1　一致性网络接口命名举例

网络接口名	对应的网卡类型
enp1s0f1	PCI 类型的以太网卡
ens33	可插拔类型的以太网卡
eno12	板载类型的以太网卡
wlp0s1	PCI 类型的无线局域网卡

一致性网络接口名可以分为两部分。

1）设备类型前缀：以太网设备为 en，无线局域网设备为 wl，无线广域网设备为 ww。

2）设备索引号：集成在主板上的板载设备索引号为 o<index>，热插拔设备索引号为 s<index>[f<function>]，PCI 设备索引号为 p<bus>s<slot>[f<function>]。其中，bus 表示总线位置，slot 表示插槽位置，function 表示设备上的功能子设备号。

7.1.2　网络通信

1. TCP/IP 协议简介

系统在进行网络通信时除了需要网络接口等硬件支持，还需要指定网络通信协议。

网络通信协议指在网络通信时数据的收发双方共同遵守的一套数据传输、数据编解码标准，目前常用的网络通信协议是 TCP/IP 协议族。在使用 TCP/IP 协议族与其他计算机通信时，数据发送方必须有数据接收方的 IP 地址和端口（port）号。在实际通信时，发送方首先在本地计算机的一个 IP 地址上打开一个端口，然后通过此端口将数据发送到另一个 IP 地址所对应的计算机的某个端口。在 Linux 中，网络通信中数据连接的形式一般如图 7-2 所示。

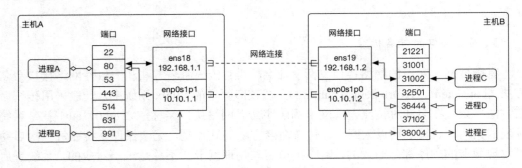

图 7-2　网络通信中的数据连接

　　IP 地址可以被简单理解为计算机在网络中的定位地址，类比于现实生活中发送快递，IP 地址就相当于快递发送地址和收货地址。IP 协议具体分为 IPv4 和 IPv6 两个版本，目前处于两个版本的过渡时期。在大部分场景中，IPv4 的使用率依旧很高，所以如果不做特殊强调，下文中指的均是 IPv4 地址。IP 地址本质上就是一个二进制数，为了使用方便，IPv4 地址一般被表示为将 4 个数字使用点号 "." 相连所形成的字符串，如本地回环的 IPv4 地址为 127.0.0.1。计算机中每一个网络接口都可以被绑定一个或多个 IP 地址。

　　IP 地址内部又被分为网络地址和主机地址。IPv4 地址共有 32 位，其中高字节的若干位被用作网络地址，剩余低字节的若干位被用作主机地址。那么到底从 32 字节中的哪一字节切分出网络地址与主机地址呢？答案是通过子网掩码（subnet mask）规定的字节开始切分。例如，当子网掩码为 24 时，IPv4 地址的前 24 字节就是网络地址，最后的 8 字节为主机地址。在做具体网络配置时，经常需要同时指定 IP 地址和子网掩码，此时可将二者写在一起，形如 a.b.c.d/m。例如，本地回环的 IP 地址就可以写为 127.0.0.1/8。

　　端口可以被简单地理解为计算机上网络通信数据流入与流出的窗口，类比于现实生活中发送快递，由于一个地址可能住很多人，此时快递员就需要使用住户的姓名才能联系到具体的发货人和收货人，端口就相当于快递发货人和收货人的姓名。如在图 7-2 中，主机 A 的进程 A 通过监听 80 端口，可以实现与主机 B 上进程 C 与进程 D 的网络连接；主机 A 上的进程 B 通过 991 端口可以连接到主机 B 上的进程 E。

　　Linux 中的端口号一般是一个 0～65535 的整数，其中 0～1023 范围内的端口号通常被保留给系统使用（即使用这些端口需要系统管理员权限），普通用户只能使用 1023 以上的端口。经典的应用层协议端口号包括 80（http）、443（https）、22（ssh）、53（DNS）等。文件/etc/services 记录了系统中已知的软件服务与端口的对应关系。

2. 主机名

主机名即本地计算机系统的名字，可以由系统管理员按照具体需求任意赋予。用户通过主机名可以辨别和定位局域网中不同的计算机。这里需要注意，主机名是操作系统中的一项配置，一个操作系统一般只能对应有一个主机名，但是如果计算机安装了多个操作系统，其中的每个操作系统都允许独立设置一个主机名。

如第 2 章所述，用户通过 Bash 命令行的提示符就可以查看当前系统的主机名。主机名被记录在文件/etc/hostname 中，但是用户一般不应当直接修改此文件，而是通过 hostnamectl 命令来管理本机的主机名。主机名只能由系统管理员修改，且在修改后必须重新登录主机名才能生效。hostname 命令也可用于查看主机名。

3. 主机名与 IP 地址的映射

IP 地址是一串"无意义"的数字，用户对其的记忆和输入并不是很方便。为了解决这一问题，可以将 IP 地址与某个有意义的、方便记忆的字符串对应起来，此时用户只需使用这个字符串就能引用其对应的 IP 地址。对于广域网来说，可以将域名映射到 IP 地址。例如，baidu.com、gov.cn 等都是域名。但是用户一般需要向域名提供商进行付费申请才能获得域名，出于成本和方便性的考虑，在局域网中一般使用主机名来映射 IP 地址。

主机名（包括本机主机名和外部主机名）与 IP 地址的映射关系被记录在文件/etc/hosts 中，该文件中每一个非注释行都定义了一个 IP 地址与若干主机名的对应关系。文件/etc/hosts 只能被系统管理员用户修改，如果有需要，可以通过编辑此文件的方式向其添加映射关系。

在进行后续实验前，先介绍一个简单的网络调试命令 ping，该命令可以向指定主机名、域名或 IP 地址发送数据包，并统计数据包往返的时间，以此检测本地主机与目标主机之间的网络连通性。命令 ping 有一个选项-c N，如果指定了此选项，那么命令 ping 将发送 N 次数据包，如果没有指定此选项，命令 ping 将一直发送数据包，直到命令退出（如通过 Ctrl+C 快捷键的方式强制退出该命令）。

7.2   使用 ip 命令管理网络

7.2.1   基本概念

软件包 iproute[①]提供了 ip 命令以维护系统网络配置，一般情况下，该软件包在系统安装时即被默认安装，是系统的基本组件之一。ip 命令拥有丰富的网络管理接口，可以

---

① 从 CentOS 8 开始，软件包 net-tools 中提供的命令（如 ifconfig、netstat 等）已过时，需使用 iproute 包提供的新命令管理系统网络。

管理网络接口、网络接口地址、路由表、路由策略、ARP 缓存表等多种网络对象。

　　使用 ip 命令对网络进行的配置有如下特点。

　　1）立即生效：ip 命令直接对内核网络相关参数进行修改，所以 ip 命令对网络配置的修改会立即生效。

　　2）临时性：ip 命令修改的内核网络相关参数存储在内存中，所以一般重启过后，对网络配置的修改会失效。

　　正因为这两点，一般使用 ip 命令做网络调试，即使调试过程中出现了问题，也只需要重启系统即可恢复至原始状态。经过 ip 命令验证的网络配置，使用 nmcli 命令将其保存到文件系统中，可以使其重启后依然生效。

7.2.2　ip 命令的基本使用方法

　　使用 ip 命令可以管理很多常见网络对象，其基本使用方法如表 7-2 所示。可以发现，ip 命令的参数一般很长，完整输入较为烦琐，这里有个小技巧可以帮助用户更加简便地使用 ip 命令：在不造成歧义的情况下，可以对每个 ip 命令的参数进行缩写。例如，ip address add 可以缩写为 ip addr add，或者进一步缩写为 ip a a；而 ip route show 则可以缩写为 ip r s；ip link list 可以缩写为 ip l l。

表 7-2　ip 命令的基本使用方法举例

管理对象	命令	意义
网络接口	ip link [list]	显示系统中所有网络接口的信息
	ip link set IFACE up|down	开启或关闭网络接口
	ip link set IFACE promisc on|off	开启或关闭网卡的混杂模式
	ip link set IFACE mtu num	设置网络接口的 MTU 值（最大传输单元）
网络接口地址	ip address	查看系统内所有网络接口的地址信息
	ip address show IFACE	查看网络接口 IFACE 的详细地址信息
	ip address add CIDR dev IFACE	为网络接口 IFACE 绑定 IP 地址（CIDR 格式）
	ip address delete CIDR dev IFACE	删除网络接口 IFACE 的 IP 地址
路由表	ip route [show]	查看系统路由表
	ip route add DEST via GATEWAY dev IFACE	添加到目标网络 DEST、网关为 GATEWAY 的路由表项
	ip route add default via GATEWAY dev IFACE	为系统添加默认路由
	ip route delete DEST via GATEWAY dev IFACE	删除路由表项
ARP	ip neighbor [show]	查看 ARP 缓存表

　　根据表 7-2 中命令的意义，有两点需要注意：使用 ip address 命令为网络接口绑定 IP 地址时，必须将 IP 地址写为 CIDR 格式，即 a.b.c.d/n 的形式，其中 n 为子网掩码的数字表示形式，如 10.10.1.1/24；使用 ip route 命令添加或修改路由时，目标网络必须填写网络地址的 CIDR 格式，不能填写带有主机号的 IP 地址，如果 10.10.1.0/24 的写法是正确的，那么 10.10.1.1/24 就是错误的。如果上述 IP 地址格式填写错误，ip 命令会提示用户。

7.3 使用 NetworkManager 管理网络

7.3.1 基本概念

NetworkManager 是 Red Hat 系列发行版默认安装并启用的网络管理器,其目标是降低 Linux 系统上计算机网络的使用难度。它的网络管理功能非常强大,可以管理有线网络、无线网络、VPN 网络等多种类型的网络,支持多种前端界面。网络管理器最初由 Red Hat 公司于 2004 年开发,现在已交由 GNOME 项目管理。

NetworkManager 的基本组件如下。

1)系统服务 NetworkManager.service[①]。

2)基于命令行界面的纯命令行管理工具 nmcli。

3)基于文本图形界面[②]的管理工具 nmtui(图 7-3)。

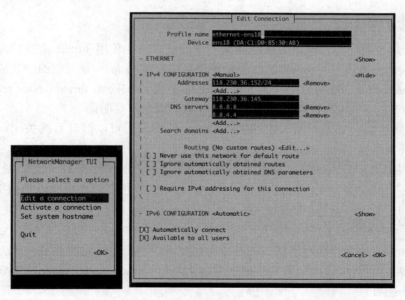

图 7-3 nmtui 的管理界面(可以通过 Tab 键切换当前控制区域)

4)基于桌面环境的管理工具 nm-connection-editor(图 7-4)。

本书主要介绍 nmcli 命令的使用方法,其他基于图形界面的相关工具的使用方法与其类似,故不再赘述。

---

① 默认情况下,此服务为开机自动启动,请确保此服务处于正常运行状态,否则 NetworkManager 的相关命令均可能无法正常使用。

② 以文本字符的形式描绘出简单的图形界面。

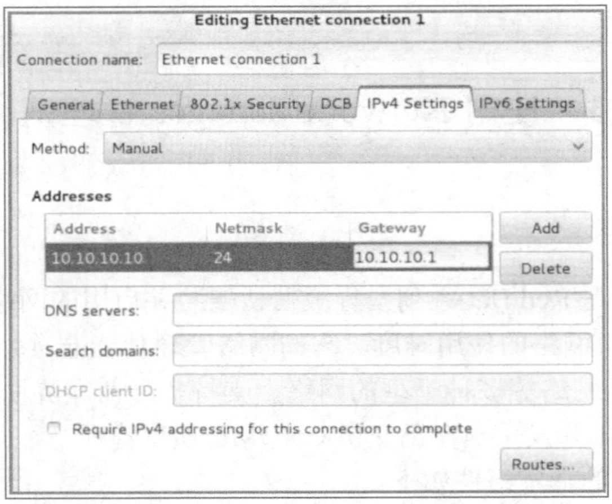

图 7-4 nm-connection-editor 的管理界面

7.3.2 通过 nmcli 命令管理网络

1. 基本概念

nmcli 命令同样能管理诸多网络对象，下面就来介绍使用 nmcli 命令管理网络接口与网络连接的基本方法。nmcli 的各项参数也可以采用与 ip 命令类似的参数缩写机制，如 nmcli connection add 可以缩写为 nmcli con add 或 nmcli c a，nmcli device reapply 可以缩写为 nmcli d r。nmcli 管理的网络对象中有两个概念需要明确。

1）网络接口：它是对网卡中网络接口硬件的抽象，可以被开启或关闭。网络接口可以被设置为不被 NetworkManager 管理。

2）网络连接：它对网络地址配置集合的抽象，包含的属性有 IP 地址、网关等信息。网络连接必须绑定到某个网络接口上，绑定后的网络连接可以被单独开启或关闭。

2. 管理网络接口

使用 nmcli 命令管理网络接口的基本方法如表 7-3 所示。这里需要注意，当网络接口 IFACE 绑定的网络连接配置发生改变时，需要使用 nmcli device reapply IFACE 命令对其进行更新配置。

表 7-3 使用 nmcli 命令管理网络接口的基本方法

命令	意义
nmcli	查看所有网络接口与网络连接的简要信息（若不需要分页显示，加-t 选项）
nmcli device	查看所有网络接口的简要信息
nmcli device show IFACE	查看网络接口 IFACE 的简要信息
nmcli device set IFACE autoconnect yes|no	设置网络接口 IFACE 是否开机自动连接
nmcli device set IFACE managed yes|no	设置网络接口是否需要被 NetworkManager 管理

命令	意义
nmcli device connect|disconnect IFACE	连接或者关闭网络接口 IFACE
nmcli device reapply IFACE	重新应用 IFACE 上网络连接的配置

下面示例演示了相关命令常见的使用方法。

```
[root@host1 ~]# nmcli device
DEVICE   TYPE       STATE        CONNECTION
ens18    ethernet   connected    ethernet-ens18
ens19    ethernet   connected    ethernet-ens19
lo       loopback   unmanaged    --


[root@host1 ~]# nmcli device show ens19
GENERAL.DEVICE:          ens19
GENERAL.TYPE:            ethernet
GENERAL.HWADDR:          56:39:84:96:06:FD
GENERAL.MTU:             1500
GENERAL.STATE:           100 (connected)
GENERAL.CONNECTION:      ethernet-ens19
GENERAL.CON-PATH: /org/freedesktop/NetworkManager/ActiveConnection/2
WIRED-PROPERTIES.CARRIER:on
IP4.ADDRESS[1]:          10.10.1.2/24
IP4.GATEWAY:             --
IP4.ROUTE[1]:            dst = 10.10.1.0/24, nh = 0.0.0.0, mt = 101
IP4.ROUTE[2]:            dst = 10.10.0.0/16, nh = 10.10.1.1, mt = 101
IP4.ROUTE[3]:            dst = 192.168.0.0/16, nh = 10.10.1.1, mt = 101
IP6.ADDRESS[1]:          fe80::386:8b09:ec51:4a90/64
IP6.GATEWAY:             --
IP6.ROUTE[1]:            dst = fe80::/64, nh = ::, mt = 101
IP6.ROUTE[2]:            dst = ff00::/8, nh = ::, mt = 256, table=255
```

将 ens19 接口设置为不由 NetworkManager 管理
```
[root@host1 ~]# nmcli device set ens19 managed no

[root@host1 ~]# nmcli device
DEVICE   TYPE       STATE        CONNECTION
ens18    ethernet   connected    ethernet-ens18
ens19    ethernet   unmanaged    --
lo       loopback   unmanaged    --
```

将 ens19 接口设置为由 NetworkManager 管理

```
[root@host1 ~]# nmcli device set ens19 managed yes

[root@host1 ~]# nmcli device
DEVICE   TYPE       STATE         CONNECTION
ens18    ethernet   connected     ethernet-ens18
ens19    ethernet   connected     ethernet-ens19
lo       loopback   unmanaged     --
```

断开接口 ens19
```
[root@host1 ~]# nmcli device disconnect ens19
Device 'ens19' successfully disconnected.

[root@host1 ~]# nmcli device
DEVICE   TYPE       STATE           CONNECTION
ens18    ethernet   connected       ethernet-ens18
ens19    ethernet   disconnected    --
lo       loopback   unmanaged       --

[root@host1 ~]# ip a s ens19
3: ens19: <BROADCAST,MULTICAST,UP,LOWER_UP> mtu 1500 qdisc fq_codel
state UP group default qlen 1000
    link/ether 56:39:84:96:06:fd brd ff:ff:ff:ff:ff:ff
```

重新连接接口 ens19
```
[root@host1 ~]# nmcli device connect ens19
Device 'ens19' successfully activated with 'fba53301-7ba5-4d85- afe4-
fdf8190ec9c3'.

[root@host1 ~]# nmcli device
DEVICE   TYPE       STATE       CONNECTION
ens18    ethernet   connected   ethernet-ens18
ens19    ethernet   connected   ethernet-ens19
lo       loopback   unmanaged   --

[root@host1 ~]# ip a s ens19
3: ens19: <BROADCAST,MULTICAST,UP,LOWER_UP> mtu 1500 qdisc fq_codel
state UP group default qlen 1000
    link/ether 56:39:84:96:06:fd brd ff:ff:ff:ff:ff:ff
    inet 10.10.1.2/24 brd 10.10.1.255 scope global noprefixroute ens19
       valid_lft forever preferred_lft forever
    inet6 fe80::386:8b09:ec51:4a90/64 scope link noprefixroute
       valid_lft forever preferred_lft forever
```

3. 管理网络连接

使用 nmcli 命令管理网络连接的主要方法如表 7-4 所示，可以发现，表中的命令均以 nmcli connection 开头。这里需要注意两点：网络连接名与网络接口名不是一个概念，二者可以单独设置，在 nmcli connection 命令中一般指定的是网络连接名；NetworkManager 并不会主动监测配置是否发生改变，所以修改网络连接配置文件后，需要使用 nmcli connection reload 命令通知 NetworkManager，使新的配置文件生效。

表 7-4　使用 nmcli 命令管理网络连接的基本方法

命令	意义
nmcli connection	查看所有网络连接的详细配置信息
nmcli connection show CONN	查看网络连接 CONN 的详细配置信息
nmcli connection add ARGS	新增网络连接，其参数 ARGS 如表 7-5 所示
nmcli connection delete CONN	删除连接 CONN
nmcli connection modify CONN ARGS	修改连接 CONN 的参数，其参数 ARGS 如表 7-5 所示
nmcli connection reload	重载网络连接配置，即使网络连接的新配置生效
nmcli connection up|down CONN	开启或关闭网络连接 CONN

在使用 nmcli connection add 和 nmcli connection modify 等命令新建和修改网络连接时，需要通过表 7-5 中的各项参数指定网络连接的各项属性。其中 type 与 ifname 参数是必填项，其他参数可以根据实际需求选择性填写。

表 7-5　使用 nmcli 命令新建和修改网络连接的相关参数

参数名称	意义	取值
type	网络类型	必填，以太网为 Ethernet
ifname	网络接口名称	必填
con-name	网络连接名称	默认为 "type-ifname"
autoconnect	是否开机自动连接	yes（默认值）或 no
ipv4.method	获取 IP 地址的方法	auto（DHCP 自动获取，默认值）或 manual（设置静态 IP）
ipv4.addresses	IPv4 地址	带子网掩码的 CIDR 格式的 IP 地址
ipv4.gateway	网关	网关的 IP 地址
ipv4.dns	DNS 服务器地址	DNS 服务器的 IP 地址。若有多个，用逗号间隔

下面示例演示了相关命令常见的使用方法。

```
[root@host1 ~]# nmcli connection
NAME            UUID                                     TYPE     DEVICE
ethernet-ens18  3944b899-c507-4c23-bcc0-092951d141a5 ethernet ens18
ethernet-ens19  fba53301-7ba5-4d85-afe4-fdf8190ec9c3 ethernet  ens19

[root@host1 ~]# nmcli connection show ethernet-ens19 | head
```

```
connection.id:                    ethernet-ens19
connection.uuid:                  fba53301-7ba5-4d85-afe4-fdf8190ec9c3
connection.stable-id:             --
connection.type:                  802-3-ethernet
connection.interface-name:        ens19
connection.autoconnect:           yes
connection.autoconnect-priority: 0
connection.autoconnect-retries:   -1 (default)
connection.multi-connect:          0 (default)
connection.auth-retries:          -1
```

```
# 关闭网络连接 ethernet-ens19
[root@host1 ~]# nmcli connection down ethernet-ens19
Connection 'ethernet-ens19' successfully deactivated (D-Bus active
path: /org/freedesktop/NetworkManager/ActiveConnection/5)
```

```
# 可以发现，此时 ethernet-ens19 没有被绑定到任何网络接口上
[root@host1 ~]# nmcli connection
NAME            UUID                                    TYPE      DEVICE
ethernet-ens18  3944b899-c507-4c23-bcc0-092951d141a5  ethernet  ens18
ethernet-ens19  fba53301-7ba5-4d85-afe4-fdf8190ec9c3  ethernet  --
```

```
# 注意，网络接口 ens19 的 IP 配置等均已失效
[root@host1 ~]# ip a s ens19
3: ens19: <BROADCAST,MULTICAST,UP,LOWER_UP> mtu 1500 qdisc fq_codel
state UP group default qlen 1000
    link/ether 56:39:84:96:06:fd brd ff:ff:ff:ff:ff:ff
```

```
[root@host1 ~]# nmcli connection up ethernet-ens19
Connection successfully activated (D-Bus active path: /org/ freedesktop/
NetworkManager/ActiveConnection/6)
```

```
[root@host1 ~]# nmcli connection
NAME            UUID                                    TYPE      DEVICE
ethernet-ens18  3944b899-c507-4c23-bcc0-092951d141a5  ethernet  ens18
ethernet-ens19  fba53301-7ba5-4d85-afe4-fdf8190ec9c3  ethernet  ens19
```

```
[root@host1 ~]# nmcli connection add \
type ethernet ifname ens18 \
ipv4.method manual \
ipv4.addresses 10.10.1.3 \
```

```
ipv4.gateway 10.10.1.1
```

7.3.3 通过修改配置文件管理网络

不管使用 NetworkManager 提供的哪个命令工具，本质上都是通过维护网络配置文件来管理网络配置。某些情况下，使用 nmcli 命令进行网络配置更为便捷，但是查看和修改配置文件始终是维护网络配置最直接的方法。NetworkManager 的配置文件一般放置于目录/etc/sysconfig/network-scripts 下，详细内容如表 7-6 所示。

表 7-6　NetworkManager 的配置文件

文件名	作用
/etc/sysconfig/network-scripts/ifcfg-CONN	网络接口配置文件
/etc/sysconfig/network-scripts/route-CONN	网络接口路由配置文件（如果不需要添加额外路由，可省略该文件）

本书主要介绍网络接口配置文件，该类文件的文件名必须遵循表 7-6 所示的格式，其中 CONN 为网络连接名。当用户使用 nmcli 命令新建网络接口时，它会自动创建一个网络接口配置文件，并填写该文件中的配置项；删除网络接口时，也会删除其对应的配置文件；修改网络接口参数时，也会同步修改其对应配置文件中的配置项。

实际上，如果用户不使用 nmcli 命令，而是选择自己手动编辑网络连接配置文件，依然可以完成目标任务，效果也是一样的。用户只需要在编辑保存配置文件后执行 nmcli connection reload 命令，以通知 NetworkManager 重新读取配置文件并使其生效即可。

表 7-7 列出了 nmcli 命令行参数与网络连接配置文件配置项的对应关系，建议读者尽量掌握这两种配置网络连接的方法。这两种方法的根本区别在于：使用 nmcli 命令修改网络连接参数后，新的参数立即生效；直接修改网络连接配置文件时，需要通过 nmcli connection reload 命令来让新的配置文件生效。

表 7-7　nmcli 命令行参数与网络连接配置文件配置项的对应关系

nmcli 参数	配置文件选项	取值说明
type	TYPE	以太网为 Ethernet
ifname	DEVICE	
con-name	NAME	
autoconnect	ONBOOT	yes 或 no
ipv4.method	BOOTPROTO	自动获取为 dhcp；静态 IP 地址为 none
ipv4.addresses	IPADDR 与 NETMASK、PREFIX	NETMASK 与 PREFIX 都是子网掩码，区别是前者为 IP 形式，后者为数字形式
ipv4.gateway	GATEWAY	
ipv4.dns	DNS1 与 DNS2	至少提供 1 个正确的 DNS 地址，以保证系统的域名解析
	DEFROUTE	是否需要将本网络连接设置为系统默认路由

7.4 常用网络工具

7.4.1 远程文件获取工具

获取远程文件是网络基本的应用之一，一般使用 wget 与 curl 两个命令完成此任务，表 7-8 列举了其常见的几种使用方式。其中，wget 命令相对简单，curl 命令除了可以用于下载文件外，还是一种常用的 HTTP 请求调试工具。

表 7-8　获取远程文件的基本方法

命令	说明
wget url	下载链接 URL 并将其保存为文件，文件名从 URL 得出
wget -o OUTFILE URL	下载链接 URL 并将其保存为文件 OUTFILE
curl URL	下载链接 URL 并将文件内容输出到屏幕上
curl -o OUTFILE URL	下载链接 URL 并将其保存为文件 OUTFILE
curl -I URL	不下载 HTTP 链接，仅查看该链接的 HTTP 头信息

7.4.2 网络监测与调试工具

1. telnet 命令

telnet 命令原本是用作 TELNET 远程连接协议的客户端，但是由于这种远程连接的方式缺乏安全加固，容易被黑客利用，所以目前此命令主要用作测试目标主机是否打开了某 TCP 端口。其基本使用方法为 telnet DEST PORT，其中，DEST 为目标主机地址（可以是 IP 地址，也可以是域名或主机名），PORT 是需要探测的 TCP 端口。

如果没有成功连接到目标主机所指的 TCP 端口，那么 telnet 命令会显示连接被拒绝；如果成功连接，则不会报错，此时按 Ctrl+]快捷键，然后输入 quit 命令即可退出 telnet 命令。

2. lsof 命令

lsof 命令可以用来查看进程打开文件的情况，该命令由软件包 lsof 提供。因为在 Linux 中有着"一切皆文件"的思想，所以网络通信连接（指的是应用层的网络连接）在某种程度上也被抽象成了套接字文件。表 7-9 列举了 lsof 命令用于网络调试的基本使用方法。

表 7-9　lsof 命令用于网络调试的基本使用方法

命令	说明
lsof -i	列出系统中当前所有的套接字与其对应的进程
lsof -i :PORT	列出系统中哪些进程打开了 PORT 端口

续表

命令	说明
lsof -i tcp|udp	列出系统中当前所有 TCP 或 UDP 套接字与其对应的进程
lsof -u LOGIN -i	列出系统中用户 LOGIN 打开的所有套接字与其对应的进程
lsof FILE	列出打开文件 FILE 的进程

3. ss 命令

ss（socket statistics）命令可以查看系统中网络通信连接的诸多信息，功能非常强大，执行速度也较快，其常用选项与基本使用方法分别如表 7-10 和表 7-11 所示。该命令也是由软件包 iproute 提供，用于替代过时的 netstat 命令。

表 7-10　ss 命令的常用选项

选项	说明
-n, --numeric	不将端口数字解析为服务名称（解析规则在/etc/services 中定义）
-a, --all	显示所有状态的套接字（不开启此选项时，只显示处于 established 状态的套接字）
-l, --listening	显示监听状态的套接字
-t, --tcp	仅显示 TCP 套接字
-u, --udp	仅显示 UDP 套接字
-x, --unix	仅显示 UNIX 套接字
-p, --processes	显示使用套接字的进程（不是当前用户开启的进程只显示星号，管理员能查看所有进程）
-s, --summary	显示系统中套接字的使用概况

表 7-11　ss 命令的基本使用方法

命令	说明
ss -nlp	查看系统监听的所有端口及其进程信息
ss src IP[:PORT]	列出系统中哪些进程打开了指定 IP 地址上的 PORT 端口
ss dst IP[:PORT]	列出系统中当前所有 TCP 或 UDP 网络连接与其对应的进程
ss sport OP PORT	列出源端口符合条件的套接字，OP 可以为 "=" "!=" "\>" "\<"
ss dport OP PORT	列出目标端口符合条件的套接字，OP 可以为 "=" "!=" "\>" "\<"

4. tracepath 命令

有时用户希望知道从本机到目标主机的具体网络路径，即从本机发送的数据包经过了哪些中间路由器的转发，才最终抵达目标主机。此任务可以使用多种工具完成，其中包括操作系统自带的 tracepath 命令，该命令的输出中如果存在 no reply 的行，一般表示该中间路由器禁止被探测。

思考与练习

1. nmcli device reapply 和 nmcli connection reload 两个命令分别在什么时候使用？

2. ip 命令与 nmcli 命令在工作原理上有何区别？分别在哪些应用场景下使用更为方便？

3. 有哪些方法可以修改网络连接参数？这些方法之间有何区别？

4. 可以用哪些方法探测本机是否打开了某 TCP 端口？

5. 如果使用命令 telnet 无法连接目标主机的某端口，哪些原因会导致该现象？如何排查此类网络问题？

6. 哪些原因可能导致本机 Linux 系统无法连接网络？如何排查此类网络问题？

第 8 章　进程与作业

8.1　程序和进程

8.1.1　基本概念

　　程序一般是指一组计算机指令（instruction）的集合，可以被计算机执行以完成某种任务。程序被执行（或称启动）后，操作系统将形成与之对应的进程（process），其指令会被载入内存供 CPU 执行[①]。在 Linux 操作系统中，程序一般以可执行文件[②]的形式存储在外部存储设备中。从上面的描述中，可以看出程序与进程的关系，如图 8-1 所示。

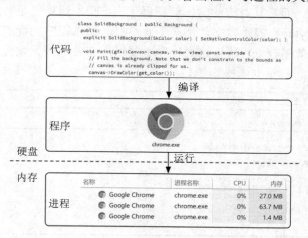

图 8-1　代码、程序与进程之间的关系

　　1）程序是一个静态的概念，进程是一个动态的概念。程序一般只是以文件的形式静态存在；进程则是以占用计算机运行资源（如占用 CPU、内存等）的形式动态运行在计算机中，它是计算资源申请、调度和独立运行的单位，所以进程拥有生命周期的概念，如创建、执行、停止等。

　　2）一个程序可以对应于多个相互独立的进程。同一个程序文件可以多次启动，每次启动对应一个进程，这些进程甚至可以同时运行在同一个计算机系统中（称为并发）。

---

① 这个过程实际上较为复杂，这里只是简单描述，详细内容可以参考操作系统课程的相关书籍。
② 即该文件具有可执行权限。

虽然这些进程拥有相同的代码运行逻辑，但是在运行过程中它们是相互独立的。

8.1.2 程序的主要类型

程序文件必须符合 Linux 的相关格式要求，否则这个启动过程会失败，无法创建对应的进程。这里简单介绍一下 Linux 环境下程序的两种主要形式。

1）二进制程序：由源代码经由编译器编译后的二进制文件一般称为二进制程序。这类程序可以直接被操作系统执行，例如，C、C++源代码编译后的程序都属于此类型。需要注意，不同操作系统，甚至某些不同的 Linux 发行版之间的二进制程序格式一般不一样[①]，相互之间并不是通用的。例如，Windows 下编译的程序不能在 Linux 上直接运行。那么如何制作一个符合 Linux 相关规范的程序呢？一般有两种途径：在 Linux 环境下使用编译器将源代码编译为二进制程序，或在其他操作系统环境中进行交叉编译。

2）脚本程序：脚本程序（图 8-2）一般为文本文件，由一系列命令组成，可以直接使用文本编辑器进行编辑。在执行脚本程序时，Shell 会读取位于脚本首部、以"#!"开头的行（称 hash bang 行），将"#!"后的路径作为脚本解释器来运行这个脚本，这时脚本程序文件其实本质上只是相当于脚本解释器程序的一个输入参数，Shell 启动的并不是这个脚本程序本身，而是其对应的脚本解释器程序。脚本解释器是普通的可执行二进制程序，如 Bash、Python 等脚本文件都属于此类型。脚本程序的优点是编写方便、无须编译，缺点是运行效率较低，所以这类程序主要用于完成一些无须过多关注性能的简单任务，如系统管理、批量处理操作等。

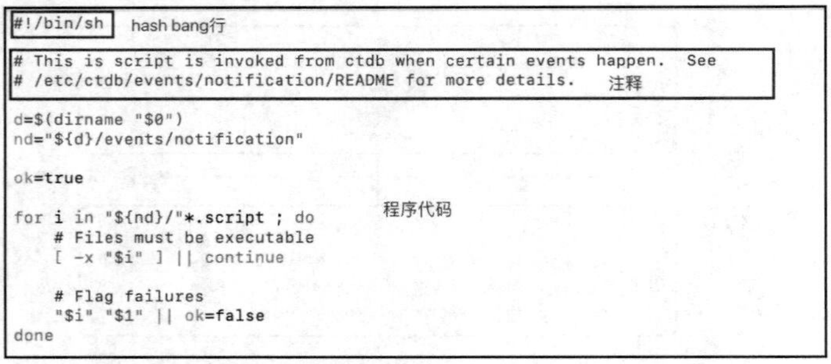

```
#!/bin/sh    hash bang行

# This is script is invoked from ctdb when certain events happen.  See
# /etc/ctdb/events/notification/README for more details.    注释

d=$(dirname "$0")
nd="${d}/events/notification"

ok=true

for i in "${nd}/"*.script ; do          程序代码
  # Files must be executable
  [ -x "$i" ] || continue

  # Flag failures
  "$i" "$1" || ok=false
done
```

图 8-2　脚本程序及其基本结构

8.2　Linux 中的进程特性

8.2.1　多用户与多任务

Linux 是典型的多用户、多任务操作系统。其中，"多用户"是指它允许多个用户同时使用同一个 Linux 系统；"多任务"是指不论计算机拥有一个还是多个 CPU 核心，利

[①] Windows 下可执行二进制程序文件一般为 PE 格式，Linux 下可执行二进制程序文件一般为 ELF 格式。

用分时技术，操作系统内都可以同时存在多个运行中的进程。Linux 不仅支持单 CPU，也对多 CPU 系统有着良好的支持，在这一点上 Linux 有着良好的伸缩性（scalability），所以 Linux 既适合硬件性能低下的嵌入式工控领域，也适合拥有多 CPU、大量内存的高性能服务器环境。

8.2.2　内核态与用户态

为什么 Linux 操作系统要区分内核态和用户态？这是因为 CPU 将指令分为特权指令和非特权指令，其中特权指令一般是非常危险的，如果错用，可能导致整个系统崩溃或者出现严重的安全问题，而非特权指令则一般相对安全。所以为了保证特权指令被安全、合理地使用，系统被分为内核态和用户态，特权指令一般在内核态中调用，非特权指令则在用户态中调用。特权指令只允许操作系统内核及其相关模块使用，普通的应用程序只能直接使用非特权指令，如果普通程序需要使用特权指令，就必须通过调用内核中对应的系统调用才能完成。

8.2.3　信号

1. 信号的基本概念

信号（signal）是 Linux 操作系统中的一种进程间异步通信机制，一个进程可以使用向另外一个进程或进程组发送信号的方式，通知接收信号的进程发生了某些事情。当进程组收到信号后，该信号会传递给进程组中的每一个进程。

信号是异步的，一个进程不必通过任何操作来等待信号的到达。事实上，进程也不知道信号到底什么时候到达。进程在收到信号后，可以采取 3 种处理行为。

1）忽略信号：程序中显式地使用代码声明对信号不做任何处理，但是其中有两个信号不能忽略或捕获，即 SIGKILL 和 SIGSTOP。

2）捕捉信号：定义信号处理函数，当信号发生时，执行相应的处理函数。

3）执行默认动作：Linux 对每种信号都规定了默认操作，大部分信号的默认操作是使进程终止。

这里介绍几种常见的信号类型（表 8-1），具体代码定义在头文件 linux/signal.h[①]中。这里需要注意，信号 SIGKILL 与 SIGTERM 都可以用于结束进程，其主要区别如下。

1）SIGKILL：会强制进程立即结束。进程无法处理此事件，收到该信号后会立即结束。这种结束进程的方法相对较为暴力，进程在没有及时清理其系统工作现场的情况下突然结束，可能会导致系统故障，如写入文件的数据未保存、未正确释放系统资源造成内存泄漏等。

2）SIGTERM：通知进程结束。进程在收到此信号后可以选择忽略该信号，继续运行，也可以选择在做完必要的收尾工作（如文件同步写入等）后再结束。这种结束进程

---

① 代码可参见 https://github.com/torvalds/linux/blob/master/include/linux/signal.h。

的方式较为优雅，一般不会造成系统故障。

表 8-1　常见的信号类型

信号名称	数字形式	缺省动作	说明
SIGHUP	1	终止	终端挂起或者控制进程终止
SIGINT	2	终止	可以通过按 Ctrl+C 快捷键产生，该信号一般会让前台进程退出
SIGQUIT	3	CoreDump	可以通过按 Ctrl+\ 快捷键产生，进程终止
SIGABORT	7	CoreDump	一般是程序中调用了 abort
SIGTRAP	7	CoreDump	一般由调试器（如 gdb）发出此信号，用于程序调试
SIGFPE	8	CoreDump	浮点异常，一般是进程执行了一个错误的算术操作，如除以 0
SIGKILL	9	终止	强制终止进程，该信号不可忽略或捕获，接收到此信号的进程必须终止
SIGUSR1	10	终止	用户自定义的信号 1，用户可以重载默认动作
SIGSEGV	11	CoreDump	进程引用了无效的内存或发生了段错误
SIGUSR2	12	终止	用户自定义的信号 1，用户可以重载默认动作
SIGTERM	15	终止	终止进程，但是进程可以选择不响应这个信号，此时进程就不会退出
SIGCHILD	17	无（可忽略）	子进程退出时，父进程会收到此信号
SIGCONT	18	无（可忽略）	如果进程被暂停，则继续在后台执行
SIGSTOP	19	停止	暂时停止执行并将其放入后台，此时进程不会终止，可以通过按 Ctrl+Z 快捷键产生。可以通过对其发送信号 SIGCONT 来恢复执行。该信号不可忽略或捕获
SIGSTP	20	停止	作用与 SIGSTOP 相同，只不过此信号可以被忽略或捕获

所以如果需要结束某进程，应尽量使用 SIGTERM 信号，因为一些进程在退出前需要完成必要的收尾工作，而 SIGTERM 信号可以保证进程在完成这部分收尾工作后"优雅"地退出。在某些情况下，如果某进程为恶意程序拒不退出（如病毒），或者不需要进程执行收尾工作，则可以使用 SIGKILL 信号使进程立即退出。

2. 向进程发送信号

除了使用编程的方式，用户也可以在终端中使用 kill 命令（命令 8-1）向某进程发送信号，从而控制进程的某些行为。例如，通过 kill 命令向某进程发送 SIGKILL 信号后该进程将会被终止。

命令 8-1　kill

名称
　　kill - 向指定进程发送信号。
用法
　　kill [-s signal|-n] PIDS
　　kill -l [number] | -L
说明
　　如果没有指定信号类型，那么将会发送 SIGTERM 信号。
参数
　　PIDS
　　　　指定一个或多个进程的 PID。

选项
-s, --signal signal
　　　指定信号类型，既可以使用字符串形式，也可以使用其数字形式。
-n
　　　使用数字形式指定信号类型，n 为信号的数字形式。
-l, --list [number]
　　　查看数字 number 对应信号的名称。
-L, --table
　　　查看系统信号表，表中包含所有的信号名称（开头添加了 SIG）及其对应的数字形式。

8.2.4　proc 文件系统

　　proc 文件系统是一种 Linux 内核提供的虚拟文件系统，系统启动后会被自动挂载到 /proc 目录。它以文件的形式提供了对内核进程相关数据结构的访问接口（表 8-2），这使得用户只需读取分析/proc 下的文件即可获取系统的进程信息，而无须编写代码调用内核 API 接口。一般情况下，/proc 下的文件对于普通用户而言只具有读取权限。

表 8-2　/proc 目录下的常见文件及其作用

文件路径	作用
/proc/cpuinfo	CPU 相关的硬件信息
/proc/meminfo	系统内存信息
/proc/version	当前正在运行的内核版本信息
/proc/stat	系统进程统计信息
/proc/cmdline	系统启动时内核所接收的启动参数
/proc/partitions	系统当前识别到的分区表信息
/proc/filesystems	内核支持的文件系统类型
/proc/devices	当前加载的各个设备（块设备列表与字符设备列表）
/proc/loadavg	负载均衡信息
/proc/PID	用于存储进程号为 PID 的进程对应信息文件的目录
/proc/PID /cmdline	进程启动时接收到的启动参数
/proc/PID /cwd	进程启动时的当前工作目录
/proc/PID /exe	进程对应的程序文件
/proc/PID /root	根目录
/proc/PID /stat	进程的详细信息
/proc/PID /fd	存储进程打开文件的各个文件描述符

8.3　PCB 结构

　　Linux 操作系统将进程的一些重要信息封装在进程控制块（process control block，PCB）中，对应于一个名为 task_struct 的 C 语言结构体，其源代码定义在 Linux 内核头文件 linux/sched.h[①]中。掌握 PCB 的结构对于深入了解 Linux 操作系统中进程的概念是非常重要的，但是由于该结构体非常复杂，因此本节只介绍其中的一些重要且常用的属性。

8.3.1　进程标志号

当程序运行形成进程时，Linux 操作系统会给予该进程一个整数 ID 来唯一标识该进程，这个 ID 称为 PID。内核保证了系统中每一个没有退出的进程的 PID 都不相同，所以用户可以使用 PID 来准确描述系统中的每一个进程。只有在该进程退出后，系统才会回收其 PID 以供其他新创建的进程使用。

系统中可用 PID 的最大值一般默认不能超过 PID_MAX，该值定义在文件/proc/sys/kernel/pid_max 中，默认为 32768，即默认情况下系统中可以出现的最大 PID 为 32767。在大多数情况下，这个值已经足够大了，如果不够用，可以修改上述文件中的 PID_MAX 值。

8.3.2　父子关系

Linux 操作系统中没有任何一个进程是无缘无故就启动的，所以任何一个进程都不是孤立的，进程间的关系包括父子关系、兄弟关系等。如果一个进程启动了另一个进程[②]，那么这两个进程就构成了父子关系。例如，在一个进程 p 中启动了另外一些进程 a、b、c，那么称 p 为 a、b、c 的父进程，进程 a、b、c 互为兄弟进程。进程的父进程 PID 称为 PPID 标志，保存在该进程的 PCB 中。

Linux 中最典型的进程父子关系就是 Shell 进程与该 Shell 环境下命令对应的进程。在命令行界面中，用户输入的命令被 Shell 解析并执行，产生了该命令对应的进程。可以发现，此时 Shell 进程就是该命令进程的父进程，据此可以得到如下结论：Shell 进程是用户当前登录会话中所有进程的祖先进程。

由于进程之间存在父子、兄弟关系，因此可以将所有进程按照上述关系相互关联，形成一棵树，这棵树称为进程树（process tree）。其中，init 进程是进程树的根，也被称为根进程。可以通过 pstree 命令[③]查看整个系统进程树或某些进程间的树状关系。Linux 操作系统中存在一些特殊的进程需要进一步说明，包括内核进程、init 进程与 kthreaddd 进程。

1. 内核进程

由引导器负责启动，其 PID 为 0。该进程不具有有效的 PPID，因为它是系统中第一个被启动的进程，也被称为 0 号进程。注意，系统启动完成后，此进程会变为系统调度器，成为系统内核的一部分，所以使用一般的进程管理工具无法查看该进程的信息。

---

① 代码参见 https://github.com/torvalds/linux/blob/master/include/linux/sched.h。
② 可以通过系统调用 fork 和 vfork 来完成子进程的创建工作。
③ 需要安装 psmisc 软件包：dnf install psmisc。

2. init 进程

由内核进程启动，其 PID 为 1，PPID 为 0，也被称为 1 号进程或用户态根进程。它是用户态中第一个被启动的进程，是系统中第二个被启动的进程。该进程是系统中所有用户态进程的祖先进程，所有用户态下的进程都是由该进程直接或间接创建的，其文件路径为/usr/sbin/init。在采用 systemd 的 Linux 发行版中，/usr/sbin/init 功能由 systemd 软件包提供，所以该程序文件实际上已经被替换为/usr/lib/systemd/systemd 的一个软链接。在某些描述中，由于习惯原因，有时候仍然会把根进程说成 init 进程。

3. kthreaddd 进程

由内核进程启动，其 PID 为 1，PPID 为 0。该进程是系统中所有内核态进程的祖先进程。kthreaddd 进程及其产生的进程均不对应于文件系统中的某个程序文件，所以在使用相关工具查看这些进程对应的命令时，一般显示为中括号包裹的字符串，如[kthreaddd]、[rcu_gp]等。

8.3.3　权限相关属性

进程在运行时经常需要发送信号、访问文件，此时内核将通过使用进程的下列属性来验证该进程是否拥有必要的权限。

1）UID 和 GID：进程的 UID 和 GID 分别为创建该进程用户（即运行该程序文件的用户）的 UID 与 GID。需要注意的是，进程的 UID、GID 与进程对应程序文件的 UID、GID 不是一个概念，其值也不一定相同。

2）实际用户号（real UID，RUID）和实际群组号（real GID，RGID）：进程 RUID 和 RGID 的默认值分别与其 UID 与 GID 相同。当内核需要确定正在运行此进程的用户和群组时，将会使用进程的 RUID 和 RGID。这两个值的典型应用场景用于判断是否有权限向进程发送信号：对于非管理员用户，如果发送信号的进程 A 拥有和目标进程 B 相同的 RUID，则进程 A 可以向进程 B 发送信号。

3）有效用户号（effective UID，EUID）和有效群组号（effective GID，EGID）：进程的 EUID 与 EGID 默认分别与其 RUID 与 RGID 相同。当进程需要访问文件时，内核将使用进程的 EUID 和 EGID 来验证该进程是否有访问文件的必要权限。如果进程对应的程序文件被设置了 suid 或 sgid 权限位，那么该进程的 EUID 或 EGID 将被设置为程序文件的 UID 与 GID。

父进程在创建子进程时，可以通过编程的方式在其权限允许范围内设定子进程各项权限的相关属性，如果程序员不显式地设置这些属性，那么子进程默认会继承父进程的 UID、GID 等权限相关属性。

8.3.4　进程状态

进程是动态的，操作系统一般用进程状态来描述进程从创建到消亡所处的不同阶段和其内部状态。Linux 中进程状态保存在/proc/PID/status 文件中，其中 PID 为进程的 PID。

进程状态及其原理较为复杂，这里主要介绍其中的 5 种状态（表 8-3）及其相互转换的关系（图 8-3）。

表 8-3　Linux 进程的常见状态

状态名称	符号	状态代码
可执行状态（等待运行状态）	R	TASK_RUNNING
可中断的睡眠状态	S	TASK_INTERRUPTIBLE
不可中断的睡眠状态	D	TASK_UNINTERRUPTIBLE
暂停状态	T	TASK_STOPPED
僵尸状态	Z	EXIT_ZOMBIE
退出状态（终止状态）	X	EXIT_DEAD

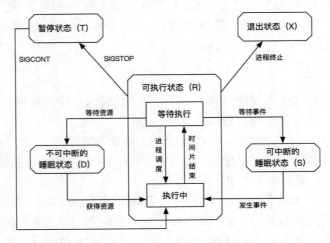

图 8-3　进程状态之间的转换关系

1. 可执行状态（R）

可执行状态也称等待运行状态，处于此状态下的进程要么正在被 CPU 运行，要么正在排队等待被 CPU 执行。只有处在该状态的进程才可能在 CPU 上运行，同一时刻可能有多个进程处于可执行状态，这些进程的 PCB 结构被放入对应 CPU 的可执行队列中，一个进程最多只能出现在一个 CPU 的可执行队列中。进程调度器的任务就是从各个 CPU 的可执行队列中分别选择一个进程在该 CPU 上运行。这里需要注意，不管进程是正在执行还是正在排队等待执行，这两种状态在 Linux 下都统一称为可执行状态。

事实上处于可执行状态的进程并不一定会连续不间断地在 CPU 中执行，系统为了保证其中的所有进程都有执行的机会，一般只会允许一个进程连续执行一段时间（称为时间片），时间用完后进程会重新处于等待被执行的队列，直到下次调度器再次允许它执行。用户可以使用 time 命令统计进程执行所用时间。

可以观察到 time 命令的最后 3 个行为进程执行时间的统计信息，分别如下。

1）real：进程运行的结束时间点减去开始时间点获得的时间间隔。

2）user：进程在用户态的运行时间。

3）sys：进程在内核态的运行时间。

需要注意，real 时间并不一定等于 user + sys，前者可能大于后者，也可能小于后者。这是因为：首先，real 时间既包括进程真正在 CPU 上运行的时间，也包括程序睡眠时的等待时间，在单核 CPU 计算机中，real ≥ user + sys；其次，在多核 CPU 计算机中，对于启用了多线程的进程，可能 real < user + sys，因为 user 和 sys 会将进程下多个线程的 CPU 执行时间累积起来做统计。

2. 可中断的睡眠状态（S）与不可中断的睡眠状态（D）

处于可中断的睡眠状态的进程因为等待某事件的发生（如等待 socket 连接、等待信号量）而被挂起休眠，这些进程会被放入对应事件的等待队列中。当这些事件发生时，对应等待队列中的一个或多个进程将被唤醒。一般情况下，系统中绝大多数进程都处于可中断的睡眠状态。

类似于可中断的睡眠状态，处于不可中断的睡眠状态的进程也是由于正在等待某个资源而被挂起休眠。但是这些进程是不可中断的，这里的"不可中断"指的是进程不响应异步信号，只有当所需资源就绪时，进程才会被唤醒。处于不可中断的睡眠状态的进程不接收外来的任何信号，也无法使用 kill 命令对其发送信号以使其退出。

不可中断的睡眠状态应用较少。这些进程通常是在等待 I/O，如磁盘 I/O、网络 I/O 等。比如，当进程需要对磁盘进行读写时，直接内存存取（direct memory access，DMA）正在进行数据到内存的复制，如果这时进程休眠被打断（如强制退出信号），那么很可能出现问题，而此时进程就处于不可中断的状态。

3. 暂停状态（T）

向进程发送一个 SIGSTOP 信号（例如，可以通过 kill 命令，或者使用 Ctrl+Z 快捷键向其发送该信号，详细使用方法见本章后续内容），它就会因响应该信号而进入暂停状态（除非该进程本身处于不可中断的睡眠状态而不响应该信号），当此进程接收到 SIGCONT 信号后，会恢复到可执行状态，该状态主要用于程序调试。

4. 僵尸状态（Z）和退出状态（X）

进程在退出的过程中会被临时标记为退出状态，此时内核会向其父进程发送一个信号（默认是 SIGCHLD），用来通知父进程来处理子进程的退出事件。如果父进程显式地忽略了信号，那么子进程将被标记为退出状态。处于退出状态下的进程在短时间内会被完全删除，这个状态是非常短暂的，通常不会被 ps 命令捕捉到。

如果父进程没有忽略 SIGCHLD 信号，那么子进程占有的其他大部分资源将被回收，但是依然会保留其 PCB 结构体。这些已经不再继续运行、已经退出但是没有被删除 PCB 的子进程称为僵尸进程（zombie），系统会将其状态标记为僵尸状态。

这里有一个问题：为什么 Linux 操作系统在子进程退出后依然保留其 PCB 结构，而且会通知父进程子进程已退出呢？这是因为某些情况下，父进程很可能会关心子进程的退出信息和一些统计信息，而这些信息就保存在其 PCB 结构中。例如，在 Bash 中，变量 "$?" 就保存了上一个退出的前台进程的退出码。

处于僵尸状态的子进程，其后续发展根据父进程的不同行为可以分为两种。

1）如果父进程处理了子进程的退出事件，那么子进程就会被标记为退出状态，等待系统完全回收其占用资源。

2）如果父进程一直不处理，那么子进程将一直处于僵尸状态，父进程可随时通过相关系统调用查看僵尸子进程的退出状态。如果父进程退出，此时系统依然不会立即删除该进程下所有处于僵尸状态的子进程，而是将这些僵尸子进程的父进程改为根进程（在 CentOS 8 中为 systemd，详见第 9 章），也称为被根进程收养。根进程会不停地等待其子进程的退出事件，以此来终结僵尸进程。

系统会保留僵尸进程的 PID，除会占用极少量的内存用于保存其 PCB 结构外，不消耗任何系统资源。少量的僵尸进程并不会对系统造成太大的影响，但是由于僵尸进程会占用 PID，当其占用数量过多时，可能会造成系统中可用 PID 被消耗完，导致系统无法创建新的进程。

此时需要注意，用户不可以通过向僵尸进程发送 SIGKILL 信号的方式将其强制退出，这是 Linux 操作系统的特性，它可以确保父进程总是可以最终处理子进程的退出事件。如果用户确实希望删除这些僵尸进程，有效的方法是使其父进程退出。例如，向其父进程发送 SIGKILL 信号，当其父进程退出后，僵尸进程会被根进程收养，根进程会在短时间内将其删除。

如果进程没有成功完成任务或者没有正常运行，在退出时会向其父进程传递一个整数值，这个值被称为退出码（exit code），其取值范围为 0~255。在 Linux 中，当进程成功执行时退出码一般为 0，当程序执行失败时退出码则为非 0 值。程序开发者可以通过不同的退出码来通知其父进程具体出错的原因。例如，退出码为 1，代表文件不存在；退出码为 2，代表没有操作权限等。例如，在 C 语言中，可以通过 exit(exit_code)函数或者 main()函数中最后的 return exit_code 语句返回退出码。

退出码的另一个重要应用就是 Shell 变量 "?"。如前文所述，用户通过命令在 Shell 中启动的进程都是 Shell 进程的子进程，命令对应的进程在退出时都会向 Shell 返回其退出码，以表示其是否执行成功。Shell 在接收到此退出码时，会将其值自动存储在一个变量名为 "?" 的 Shell 变量中。借此，用户通过访问变量 "?" 的值，就可以知道上一个命令是否执行成功，或者命令执行失败的大致原因。

8.3.5 文件描述符表

在 Linux 操作系统中，很多系统资源都被抽象为文件，进程如果需要访问这些资源，就必须打开对应的文件。在进程的运行过程中，每一个打开的文件都被抽象为文件描述符（file descriptor，FD），并被保存在该进程的 PCB 中。

每当进程打开现有文件或创建新文件时，内核就会向进程返回一个文件描述符。文件描述符就是内核为了高效管理已被打开的文件所创建的索引，用来指向被打开的文件，所有执行 I/O 操作的系统调用都会通过文件描述符。文件描述符在形式上是一个非负整数，一般从 0 开始编号。在进程启动时，系统会为其自动打开一些文件，如标准输入、标准输出和标准错误。

使用 lsof 命令可以查看进程打开的所有文件及其对应的文件描述符等相关信息。

8.3.6 虚拟内存

进程在被创建时，内核会赋予其一定范围的、可合法访问的内存，这部分内存被称为进程的虚拟内存（virtual memory，VIRT）。之所以将其称为虚拟内存，是因为这部分内存可能对应了物理内存中不连续的若干区段，也可能不与物理内存对应，这就导致了内核为进程分配的虚拟内存大小完全可以超过进程创建时系统中可用物理内存的大小。Linux 在管理内存时，除了虚拟内存外，还有以下两个相关概念。

1）驻留内存（resident memory，RES）：进程虚拟内存空间中已经映射到物理内存空间的大小。

2）共享内存（shared memory，SHR）：驻留内存中与其他进程共享的内存空间大小。共享内存是只读的，最常见的应用场景就是存储共享链接库程序。

通过上面的描述可以知道 VIRT＞RES＞SHR，进程占用的真实内存空间大小等于 RES -SHR。

8.3.7 资源占用上限

进程在运行过程中会占用多种类型的系统资源，如 CPU、内存、打开文件数量等，并在 PCB 中记录系统允许该进程占用各种资源的上限情况。Linux 系统中可以控制其占用上限的常见系统资源如表 8-4 所示。

表 8-4 可控制的常见系统资源类型

资源类型	limits.conf 配置项	ulimit 选项	默认值
驻留内存大小最大值	rss（单位：KB）	-m（单位：KB）	unlimited
虚拟内存大小最大值	无	-v（单位：KB）	unlimited
可打开的文件数目最大值	nofile	-n	1024
CPU 占用时间最大值	cpu（单位：min）	-t（单位：s）	unlimited
可开启的进程数目最大值	nproc	-u	30939
用户同时登录的最大数量	maxlogins	无	unlimited
系统中最多的登录量	maxsyslogins	无	unlimited

控制系统资源占用上限的方式主要有如下两种。

1. limits.conf 文件

该文件的绝对路径为/etc/security/limits.conf，它控制了系统所有登录用户的最大资源占用情况，修改该文件后，登录用户的最大资源占用配置将被永久修改。该文件中以"#"开头的是注释行，其他每一行都是一条配置规则，共有 4 列，列之间使用空格或 tab 间隔，分别如下。

1）作用域：用于规定本行配置针对的是哪些用户。此列可以直接填写用户名，也可以填写"@群组名"，还可以填写"*"，表示匹配所有用户。

2）类型：该列可填写 soft、hard 或 "-"。soft 指的是用户登录系统后的默认设置值，用户登录系统后，可通过下面的 ulimit 命令修改生效的配置值；hard 表明系统中所能设定的最大值，soft 的限制值不能比 hard 限制值高；"-"则表明同时设置了 soft 和 hard 的值。

3）资源：用于规定本行配置的是何种资源，具体取值如表 8-4 的第 2 列所示。

4）限制值：用于规定资源占用的上限限制值。

2. ulimit 命令

ulimit 命令为 Shell 内建指令，该命令可以查看和临时修改当前会话下进程资源的资源上限情况。需要注意的是，通过 ulimit 命令修改后的上限值只影响当前会话，当用户退出并再次登录后，会恢复/etc/security/limits.conf 文件中设置的值。ulimit 命令后的选项如表 8-4 的第 3 列所示。

8.3.8　其他重要属性

1. 进程组号（process group ID，PGID）

进程组是一个或多个进程的集合，每个进程组都会有一个进程组长（process group leader），其 PID（process ID）即为这个进程组的组 ID。系统中每一个进程都必定属于且仅属于某个进程组，其进程组号为该进程组的组 ID。

进程组可以方便用户同时管理多个进程，假设要完成一个任务，需要启动 100 个进程，当用户出于某种原因要终止这个任务时，如果不设置进程组，就必须要严格按照进程间父子、兄弟关系的顺序，手动地一个个去杀死这 100 个进程，这无疑是极其低效的。如果将这 100 个进程设置为一个进程组，并且选取一个进程作为组长（通常该进程的 PID 也就作为进程组 ID），就可以通过杀死整个进程组来严格有序地关闭这 100 个进程。组长进程可以创建一个进程组，然后创建该组中的进程，最后将进程组终止。只要某个进程组中有一个进程存在，该进程组就存在，这与其组长进程是否终止无关。

2. 会话号（session ID，SID）

当用户登录系统时会形成会话。通俗地说，每次打开一个 Shell 窗口都会随之打开一个会话，在这个 Shell 里启动的所有进程都属于这个会话。创建会话的进程为该会话的会话首领（leader），一般情况下，打开终端时创建的 Shell 进程（如 Bash 等）为会话首领。会话首领进程 PID 即为会话 ID，该会话中所有进程的会话号均为该会话的会话 ID。

一个会话可以有一个控制终端与之对应（也可以没有，如系统服务进程一般就没有终端），当用户打开多个终端窗口时，实际上就创建了多个会话。会话的意义在于能将多个进程组通过一个终端进行控制。

8.4　进程监控工具

8.4.1　ps 命令

ps 命令（命令 8-2）是常用的系统进程监控工具，它可以输出当前状态下系统中的进程详细信息，其中第一行为表头（各列的意义见表8-5），剩余各行为进程列表。ps 命令的功能非常丰富，这里只介绍其中常用的部分。

命令 8-2　ps

名称
　　ps － 输出当前系统中的进程信息快照。
用法
　　ps [OPTION]...
说明
　　如果不指定任何选项，那么 ps 默认只会显示当前用户在当前终端中开启的进程。
选项
　　-e, -A
　　　　显示所有的进程。
　　-f
　　　　使用全格式显示进程信息。
　　-o, --format
　　　　指定显示进程信息的格式。列名之间使用逗号间隔。列名写法如表 8-5 的第 1 列所示。
　　-a
　　　　只显示与终端关联的进程。
　　-C cmdlist
　　　　显示指定命令名的进程。
　　-p pidlist, --pid pidlist
　　　　显示指定 PID 的进程（多个 PID 之间使用逗号间隔）。
　　--ppid pidlist
　　　　显示指定 PPID 的进程（多个 PPID 之间使用逗号间隔）。
　　-u userlist, --user userlist
　　　　显示有效用户的 UID（即 EUID）或其用户名在 userlist 中的进程（多个 UID 或用户名之间使用逗号间隔）。
　　-U userlist, --User userlist
　　　　显示实际用户的 UID（即 RUID）或其用户名在 userlist 中的进程（多个 UID 或用户名之间使用逗号间隔）。
　　-t ttylist, --tty ttylist
　　　　显示与 ttylist 中的终端相关联的进程。
　　-s sesslist, --sid sesslist
　　　　显示与 sesslist 中的会话相关联的进程。
　　--sort=col

> 将进程列表按照 col 列排序后显示，col 的写法参考表 8-5 的第 1 列。默认递增排序，如果其前面有 "-"，表示递减排序。
>
> -h
>
> 不显示标题行（即包含列名的第一行）。

表 8-5　ps 命令输出列的列名、表头及意义

列名	表头	意义
pid	PID	进程 PID
ppid	PPID	父进程 PID
uid	UID	进程有效用户号（EUID）
user	USER	进程有效用户号（EUID）对应的用户名
ruid	RUID	进程实际用户号（RUID）
ruser	RUSER	进程实际用户号（RUID）对应的用户名
pgid	PGID	进程组 ID
sid	SID，SESSION	会话 ID
%cpu	%CPU	CPU 占用率
%mem	%MEM	常驻内存占用率
vsz	VSZ	占用的虚拟内存大小（单位：KB）
rss	RSS	占用的常驻内存大小（单位：KB）
cmd	COMMAND	进程对应的启动命令及其参数。如果此列被中括号包裹，一般说明此进程为内核进程
comm	COMMAND	进程对应的启动命令，不包含参数
time	TIME	进程运行累计占用的 CPU 时间。如果此时间小于 1 s，则显示为 00:00:00
etime	ELAPSED	进程启动到当前所经过的时间
stime	START, STIME	进程启动的时间点
stat	STAT	进程状态
tty	TT, TTY	进程关联的终端，如果为 "?"，表示死后未关联终端，一般是系统服务进程或内核进程
pri	PRI	进程优先级排名，数字越大表示优先级越低，CPU 会优先运行优先级高的进程

下面示例演示了 ps 命令的一些常见使用方法。

```
# 显示系统中所有的进程
[root@localhost ~]# ps aux
USER PID %CPU %MEM  VSZ   RSS  TTY STATSTARTTIME    COMMAND
Root  1   0.0  0.1 101804 11328  ?  Ss Aug302:21   /usr/lib/systemd/
systemd --system
Root  2   0.0  0.0   0    0    ?  S  Aug300:02  [kthreaddd]
Root  3   0.0  0.0   0    0    ?  I< Aug300:00  [rcu_gp]
Root  4   0.0  0.0   0    0    ?  I< Aug300:00  [rcu_par_gp]
…

# 显示系统中所有的进程
[root@localhost ~]# ps -ef
UID       PID   PPID C STIME TTY      TIME CMD
```

```
    root         1     0  0 Aug30 ?         00:02:21 /usr/lib/systemd/
systemd --system --deserialize 17
    root         2     0  0 Aug30 ?         00:00:02 [kthreaddd]
    root         3     2  0 Aug30 ?         00:00:00 [rcu_gp]
    root         4     2  0 Aug30 ?         00:00:00 [rcu_par_gp]
    …

//按照指定格式排序后显示进程列表
[root@localhost ~]# ps -eo pid,rss,cmd --sort=-rss,pid
PID   RSS CMD
607 84844 /usr/lib/systemd/systemd-journald
800 40660 /usr/libexec/sssd/sssd_nss --uid 0 --gid 0 --logger=files
779 28272 /usr/libexec/platform-python -Es /usr/sbin/tuned -l -P
    …

//列出用户 stu 的所有进程
[root@localhost ~]# ps -u stu
    PID TTY          TIME CMD
    829 ?        00:00:01 node
    999 ?        00:00:02 node
 172779 ?        00:00:00 systemd
195653 pts/1     00:00:00 ps
    …

//显示指定命令名的进程
[root@localhost ~]# ps -C sshd
    PID TTY         TIME  CMD
    783 ?       00:00:00 sshd
122507 ?       00:00:00 sshd
122521 ?       00:00:00 sshd
```

8.4.2 free 命令

　　free 命令可以显示系统内存的使用情况，包括物理内存、交换内存和内核缓冲区内存等信息。free 命令的使用较为简单，其中 -h 选项表示以合适的单位显示内存占用大小，如果不加此选项，则统一使用字节为单位。free 命令的输出包含两行，其中，Mem 行表示主内存，Swap 行表示交换内存，各个列的意义见表 8-6。

表 8-6　free 命令输出各列的意义

列名	意义
total	物理内存总量

续表

列名	意义
used	已使用的内存大小
free	未被分配的内存大小
shared	共享内存大小
buff/cache	用作缓存①的内存大小
available	还可以被应用程序使用的物理内存大小（不包含交换内存大小），此值为估算值，不仅包含未被分配的内存大小（即 free 列），还包含用作系统缓存的内存大小（即 buff/cache 列）

8.4.3　top 命令

top 命令能够实时显示系统中各个进程的资源占用状况，类似于 Windows 的任务管理器。与其他大多数命令不同，top 命令是一个交互式命令，用户运行 top 命令后，它会一直处于前台运行，每隔一定时间就会刷新其中的状态数据，用户可以通过输入 top 命令的快捷键或者子命令来动态控制 top 命令的输出内容。

图 8-4 主要对 top 命令输出的第 1 行做了介绍（此行与 uptime 命令的输出类似），其余各行指标基本已在前面的 ps 命令、free 命令中做过介绍。这里还需着重说明第一行的最后一个字段，即平均负载（load average），其有 3 个值，分别代表系统 1 min、5 min 和 15 min 内的 CPU 平均负载信息。

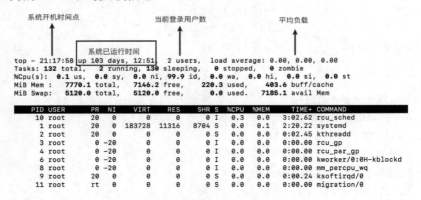

图 8-4　top 命令的输出样例

这里的平均负载是指单位时间内，系统中处于可执行状态和不可中断的睡眠状态的平均进程数量，这两种状态的进程一般属于系统中"活跃"的进程，此数值越大表示系统中"活跃"的进程越多，系统总体负载越重。用户可以根据上述 3 个时间段内的平均负载信息，判断当前的系统负载情况。

1）如果平均值为 0.0，意味着系统处于空闲状态。

2）如果 1 min 平均值高于 5 min 或 15 min 平均值，则负载正在增加。

3）如果 1 min 平均值低于 5 min 或 15 min 平均值，则负载正在减少。

---

① buff 代表缓冲区，cache 代表页高速缓存，为了降低复杂性，本书统称为缓存。

4）如果它们高于系统 CPU 的数量，则说明 CPU 可能存在性能瓶颈。

top 命令相比于其他系统监控命令，其优势在于它是动态刷新、可交互的程序，表 8-7 列出了 top 命令下的常用快捷键。

表 8-7　top 命令下的常用快捷键

快捷键	作用
l	切换显示每个 CPU 核心的详细统计信息，或所有 CPU 总体的平均统计信息
M	进程列表按%MEM 列排序
P	进程列表按%CPU 列排序
u	在进程列表中只显示指定用户的进程
i	切换显示正在运行的进程，或所有进程
<空格>	立即刷新
s	设置刷新时间
k	向指定进程发送 SIGKILL 信号，即杀死某进程
q	退出当前 top 进程

8.5　作 业 控 制

8.5.1　基本概念

1. 作业

先回顾一下用户一般是如何直接使用计算机完成计算任务的。一般情况下，用户首先登录系统，进入 Shell 并开启一个新会话，然后通过输入命令的方式控制 Shell 完成具体的工作，最终 Shell 会执行用户的命令，启动对应的一个或多个进程完成计算任务。在这个过程中，用户通过 Shell 向系统提交并要求执行的计算任务称为作业（job），作业包含了一个或多个进程。

作业本质上是 Shell 对进程组的一种表示方式，它和进程组本质上是一样的，作业中的进程属于同一个进程组。二者的区别在于：作业是 Shell 中的一个概念，而进程组则是 Linux 内核中的一个概念。需要注意的是，作业是 Shell 为了方便用户管理进程组而实现的，作业的相关功能基本也都是由 Shell 提供的。

2. 前台作业与后台作业

作业分为前台作业与后台作业两种形式。Shell 在执行用户命令时，会启动该命令对应的进程，此时用户可以直接与该进程进行交互，用户的输入会直接传递给该进程，该进程对应的作业被称为前台作业，在其退出或转到后台前会一直占据终端，用户无法再使用终端启动其他作业，也无法使用 Shell 命令行。后台作业则会被系统"放置在后台"，用户无法通过终端直接将其输入传递给后台作业对应的进程。需要注意的是，在不做输出重定向的情况下，运行中的后台作业虽然无法直接从终端接收用户的输入，但是其输出内容仍然会直接打印在终端上。

终端只能同时被一个进程占用，因此前台作业只能有一个，但是系统允许存在多个同时运行的后台作业。通过 Shell 提供的作业控制命令，用户可以自由地将某任务在前台与后台之间切换：当用户需要与作业交互时，可以将后台作业切换为前台作业；当用户需要与其他作业交互或者启动其他作业时，可以将前台作业切换为后台作业。

8.5.2　作业控制命令

作业是 Shell 中的一个概念，其相关功能都是由 Shell 提供的，所以与作业相关的管理命令也一般都是 Shell 的内置命令，本书主要介绍 Bash 提供的常用作业控制命令（表 8-8）。Shell 会为每个作业线性分配一个作业 ID，用以代表该作业。作业 ID 可以用于作业控制。

表 8-8　常用作业控制命令

命令	作用
jobs	列出当前 Shell 会话下所有的作业信息
fg %n	将编号为 n 的后台作业切换为前台作业
bg %n	继续运行编号为 n 的后台作业
Ctrl+Z	通过向前台作业发送 SIGSTOP 信号，终止前台进程并将其转为后台进程
Ctrl+C	通过向前台作业发送 SIGSKILL 信号，使前台进程退出
kill %n	向编号为 n 的作业发送信号
command &	运行命令并自动将其切换为后台作业继续运行
nouhp command > log.file 2>&1 &	运行命令并自动将其切换为后台作业继续运行，其标准输出重定向到 log_file 文件，标准错误被重定向到标准输出，在 Shell 退出后，该作业继续运行

需要注意表 8-8 中的"&"，它与 Ctrl+Z 快捷键的作用一样，可以将进程置于后台。二者的区别是：通过"&"切换的后台作业会自动处于运行状态，而通过 Ctrl+Z 快捷键方式切换的后台作业会自动处于暂停状态。

当会话结束后（如退出 Shell、退出登录或关闭终端等），一般的后台作业均会自动被终止，如果需要某后台任务可以一直运行，需要使用 nohup 命令。

思考与练习

1. 简述二进制程序与脚本程序的区别。
2. 结束一个进程一般有哪些方法？如果该进程是计算机病毒，应如何将其结束？
3. 有哪些方法可以监控系统运行时的状态？
4. 简述进程、进程组、会话、作业之间的关系。

第9章 系统服务

9.1 基本概念

9.1.1 系统服务的概念

在多任务操作系统中，进程既可以运行在前台，也可以运行在后台。事实上，在大部分情况下，操作系统的后台进程数量要比前台进程数量更多。这些后台进程有的是用于保证操作系统的正常运转，有的是为用户提供所需的必要功能，可以将这些常驻在内存中的进程称为守护进程（daemon），这些进程在启动后，一般具有如下特点。

1）在后台运行，常驻系统内存，不会打扰系统登录用户的其他工作。

2）系统登录用户不可直接与其交互，需要通过相关工具对其进行管理。

在 UNIX like（类 UNIX 系统）操作系统中，按照惯例和传统，守护进程的程序名一般以字母 d（daemon 的首字母）结尾，如 sshd（一种远程登录程序）、vsftpd（一种 FTP 服务器）、mysqld（MySQL 数据库）等。所以，如果发现某程序名以字母 d 结尾，那么该程序很有可能就是一种守护进程。使用下面例子中的命令可以查看当前系统中所有以字母 d 结尾的进程。

```
# 查看系统中所有命令名以 d 结尾的进程，其中大部分都是守护进程
[root@host1 ~]# ps -eo comm | grep "d$" | sort | uniq
（省略剩余输出）
```

守护进程一般提供了某种功能，为此守护进程有时也被称为系统服务（service）。系统服务与守护进程的主要区别在于，系统服务可以包含一个或多个守护进程，在采用 systemd 的 Linux 发行版中，系统服务甚至可以不再依赖守护进程，任何普通的程序都可以成为在后台运行的系统服务进程。所以，目前流行的趋势是淡化守护进程的概念，更加倾向于统一使用"系统服务"这个术语。通俗地说，提供了某种系统功能且在后台运行的进程都可称为系统服务。

9.1.2 系统服务管理器

系统服务在后台运行，用户一般无法直接与其交互，而是通过系统服务管理器去管理众多的系统服务。系统服务管理器是操作系统中非常重要的一个系统软件组件，它为用户管理系统服务提供了一种稳定、安全、快捷、统一的方式。

这里列举一些系统服务管理器的基本功能。

1）系统服务运行参数（服务命令程序路径、运行该服务的用户等）配置。

2）系统服务生命状态管理（启动、停止、重启、重载）。

3）处理系统服务间的依赖关系，如服务 A 依赖于服务 B，那么就必须先启动服务 B，再启动服务 A。

4）切换系统运行级别（run level）。运行级别一般包括单用户环境、多用户环境、GUI 环境等。

5）允许设置系统服务为在某些运行级别下自动启动。

6）其他功能，如统一日志管理、服务出错控制、watch dog 等。

历史上出现过很多的系统服务管理器，如 System V 中的 init、Ubuntu 中的 upstart、Gentoo 中的 OpenRC 等，这些软件套件都有自己的优缺点，并不存在哪个一定比哪个更好。需要注意的是，Linux 内核并没有指定必须使用某种系统服务器管理器，所以在不同的 Linux 发行版中，系统服务管理器的选择可能也是不同的。目前使用较多的系统服务管理器是接下来即将介绍的 systemd，大部分 Linux 发行版也逐步迁移到 systemd 中。例如，CentOS 从版本 7 开始，已经在系统中采用 systemd，所以本书也将以 systemd 为核心展开后续系统服务管理相关内容的介绍。

正是由于系统服务管理器的重要作用，系统中第 2 个启动的进程（PID 一般为 1，也称 1 号进程或 init 进程）一般就是系统服务管理器对应的进程，它将开启其他的相关服务进程，是系统中所有其他系统服务进程的祖先进程。1 号进程常驻系统后台，在正常的系统状态下无法关闭该进程。在 systemd 中，1 号进程为/usr/lib/systemd/systemd（图 9-1）。

```
[root@localhost ~]# ps aux | head
USER        PID %CPU %MEM    VSZ   RSS TTY      STAT START   TIME COMMAND
root          1  0.0  0.1 249276 11272 ?        Ss   Apr06   0:07 /usr/lib/systemd/systemd
root          2  0.0  0.0      0     0 ?        S    Apr06   0:00 [kthreadd]
root          3  0.0  0.0      0     0 ?        I<   Apr06   0:00 [rcu_gp]
root          4  0.0  0.0      0     0 ?        I<   Apr06   0:00 [rcu_par_gp]
root          6  0.0  0.0      0     0 ?        I<   Apr06   0:00 [kworker/0:0H-kblockd]
root          8  0.0  0.0      0     0 ?        I<   Apr06   0:00 [mm_percpu_wq]
root          9  0.0  0.0      0     0 ?        S    Apr06   0:00 [ksoftirqd/0]
root         10  0.0  0.0      0     0 ?        I    Apr06   0:17 [rcu_sched]
root         11  0.0  0.0      0     0 ?        S    Apr06   0:00 [migration/0]
```

图 9-1　CentOS 8 系统中的 1 号进程

9.1.3　systemd 软件包

systemd（https://www.freedesktop.org/wiki/Software/systemd/）采用 C 语言编写，其第一个初始版本发布于 2010 年 3 月，采用 LGPL v2 的开源软件协议，众多知名公司和个人都为其贡献过代码。systemd 软件包提供了很多重要的系统组件，其主要目的不只是成为系统服务管理器，而且要成为整个操作系统的管理器，所以其功能复杂、组件众多（图 9-2）。

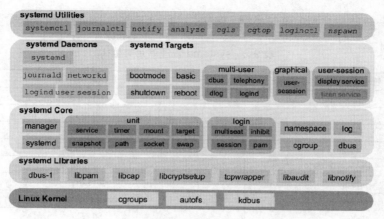

图 9-2　systemd 组件结构（https://systemd.io/）

　　这一点与传统的 Linux 系统设计思想不符，传统的 Linux 系统设计思想认为一个软件应该只专注完成一项任务，但是 systemd 却大包大揽，广泛深入到 Linux 系统的各个方面。为此，systemd 一直饱受 Linux 用户的诟病，关于是否应该在发行版中默认使用 systemd 也一直在争论当中。但实际上，由于 systemd 确实很实用，软件质量也保持了较高的水平，且开发速度相对较快，因此目前大部分的主流 Linux 发行版都已选择默认采用 systemd 管理系统配置和系统服务。

　　本章在介绍 systemd 时不仅会介绍其服务管理的功能，也会介绍其他一些系统管理的功能。本书将介绍的 systemd 的主要组件如表 9-1 所示。

表 9-1　systemd 的主要组件

组件	作用
systemd	操作系统与系统服务管理器，即 1 号进程
systemctl	用户通过此组件可以与 systemd 交互
systemd-analyze	系统启动性能分析工具
systemd-journald	日志工具
systemd-timesyncd	网络时间同步服务
systemd-timedated	日期与时间管理工具

9.2　systemd 的基本使用方法

9.2.1　管理单元的基本概念

　　如前文所述，systemd 不仅可以管理系统服务，还可以管理其他系统配置，systemd 将操作系统中可由其管理的所有对象都称为管理单元（unit），共分 12 种类型（表 9-2）。管理单元的详细配置被保存在管理单元文件（unit file）中，systemd 通过读取管理单元文件可以获得该管理单元的详细信息，如描述信息、启动方式、依赖等。每一类管理单元文件的后缀名一般就是其管理单元类型。例如，管理单元文件 sshd.service 的类型为 service。

表 9-2　systemd 管理单元类型

管理单元类型	意义
service	系统服务
target	目标单元组，由多个管理单元组成
device	硬件设备
mount	文件系统挂载点
automount	自动挂载点
path	文件路径
scope	不是由 systemd 启动的外部进程
slice	进程组
snapshot	快照
socket	用于进程间通信的网络套接字
swap	内存交换文件
timer	定时器，即计划任务

管理单元文件一般存放在目录/etc/systemd/system/和/usr/lib/systemd/system 中。目录/etc/systemd/system/的优先级更高，systemd 默认会读取其中的管理单元文件配置。在安装软件包后，如果该软件包包含了 systemd 管理单元，那么系统会将这些软件包中的管理单元文件安装到目录/usr/lib/systemd/system 中。当有需要时，会将此目录中的管理单元文件软链接到目录/etc/systemd/system/下。用户自己编写管理单元文件并直接存放到目录/etc/systemd/system/中。

9.2.2　目标单元组管理

目标单元组[①]是 systemd 中的一种包含其他管理单元的管理单元类型，它规定了 systemd 在某种系统环境或状态（如 GUI 环境、多用户环境等）下所需要启动的一组管理单元。用户可以通过 systemctl list-units --all --type=target 命令查看系统定义的所有目标单元组，表 9-3 列出了几种常见的 systemd 目标单元组。

表 9-3　常见的 systemd 目标单元组

目标环境	说明
graphical.target	带有图形界面的桌面环境
multi-user.target	多用户环境
rescue.target	救援模式，此时系统不启动网络功能，只能登录一个用户
emergency.target	紧急模式
shutdown.target	系统关机时，启动此目标环境
network-online.target	网络就绪状态

---

① 旧的 Linux 文档可能会出现 run level 的概念，该概念在 systemd 系统中已被弃用，目标单元组是为了替换过时的 run level。

默认目标单元组指的是操作系统启动后默认进入的目标单元组。计算机开机后，会引导操作系统启动，接着操作系统会完成各种初始化工作，最后 systemd 会启动默认目标单元组。在这个过程中，systemd 会按照特定的依赖顺序，启动默认目标单元组中所有的管理单元。默认目标单元组启动完成后，系统会等待用户的进一步指令操作，此时标志系统启动完成。

如何知道某个目标单元组中包含了哪些管理单元呢？或者说，如何确定启动某个目标单元组时，systemd 会自动启动哪些管理单元？有两种办法可以解决这个问题：一种是使用下面将要学习的 systemctl list-dependencies TARGET 命令去查看目标单元组 TARGET 的依赖，这种方式显示的信息非常全面；另一种方法是查看/etc/systemd/system/TARGET.target.wants 目录，该目录下的子文件就是目标单元组 TARGET 所包含的管理单元。例如，/etc/systemd/system/multi-user.target.wants/目录下包含的就是目标单元组 multi-user 所包含的管理单元。

如果当前操作系统中安装了图形界面的桌面环境，那么系统默认目标单元组为 graphical.target；如果未安装，则系统默认目标单元组为 multi-user.target。用户可以通过相关命令管理系统默认目标单元组。

```
# 查询默认目标单元组
[root@host1 ~]# systemctl get-default
multi-user.target

# 设置默认目标单元组
[root@host1 ~]# systemctl set-default multi-user.target

# 在不重启的情况下，进入 rescue 目标单元组（不会更改默认目标单元组）
[root@host1 ~]# systemctl isolate rescue
```

这里需要注意的是，启动普通的管理单元用的命令是 systemctl start UNIT，但是进入某种目标环境，需要使用 systemctl isolate TARGET。

9.2.3　状态管理

管理单元的状态共有两种：一种是运行状态，另一种是启动状态。

1. 运行状态管理

管理单元的运行状态又称激活状态（activation state），描述的是管理单元在系统中当前的运行时状态，如管理单元对应是否正在运行、是否已退出等。运行状态又可以被分为活跃状态（active state）和亚状态（substate）。活跃状态用于描述管理单元的主要运行状态，亚状态用于描述管理单元的次要运行状态。亚状态是对活跃状态的补充描述，活跃状态与亚状态合在一起可以较为完整地描述管理单元的运行状态。

活跃状态只有 6 种类型（表 9-4），适用于所有类型的管理单元，每种不同类型的管理单元都可以分别定义不同类型的亚状态。当活跃状态处于 active 时，不论亚状态为何种类型，都表明管理单元处于正常运行状态；当活跃状态处于 failed 时，不论亚状态为何种类型，都表明管理单元已经运行失败。图 9-3 描述了管理单元在不同状态之间的转换关系。

表 9-4　活跃状态的主要分类

活跃状态	说明
acitve	表示管理单元当前处于正常运行状态中
inactive	表示管理单元当前没有运行
failed	表示管理单元在运行过程中因出现错误而停止运行，即运行失败
reloading	表示管理单元正在重载配置，运行 systemctl reload 命令后会首先进入此状态
activating	表示管理单元正在启动，运行 systemctl start 命令后会首先进入此状态
deactivating	表示管理单元正在停止运行，运行 systemctl stop 命令后会首先进入此状态

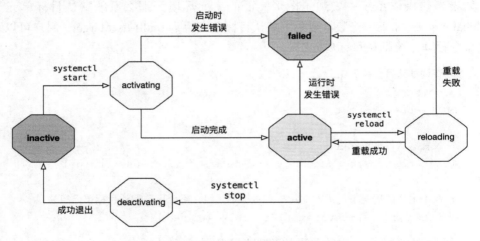

图 9-3　管理单元不同状态之间的转换

考虑到系统服务类型的管理单元较为常用，本书在表 9-5 中介绍了系统服务不同运行状态的意义。

表 9-5　系统服务常见的运行状态

活跃状态	亚状态	说明
active	running	系统服务对应的进程正常运行中
	exited	当系统服务对应的进程不需要常驻后台、仅需执行一次时，此状态表明进程已正常运行完毕并退出
	waiting	系统服务对应的进程正在休眠，等待某种事件将其唤醒。例如，打印服务在没有打印作业时处于此状态
inactive	dead	系统服务对应的进程没有被运行过，即系统服务没有被启动
failed	failed	系统服务对应的进程因为发生错误而意外退出

可以使用 systemctl list-units 命令查看管理单元的运行状态，具体使用方法如表 9-6 所示。表中的 systemctl is-active 命令与 systemctl is-failed 命令都会打印出管理单元状态，二者的区别在于其命令退出码，这两个命令主要用于脚本编程。

表 9-6　查看管理单元运行状态的常用命令举例

命令	说明
systemctl list-units	查看活跃状态为 active 的管理单元
systemctl list-units --all	查看所有的管理单元
systemctl list-units --all --state=STATE	仅查看指定活跃状态的管理单元
systemctl list-units --failed	查看运行失败的管理单元
systemctl list-units --type=TYPE	列出指定类型的管理单元
systemctl status UNIT	查看管理单元状态
systemctl is-active UNIT	查询管理单元的活跃状态，如果为 active，则此命令退出码为 0，否则返回非 0 值
systemctl is-failed UNIT	查询管理单元的活跃状态，如果为 failed，则此命令退出码为 0，否则返回非 0 值

可以使用 systemctl 命令控制管理单元的运行状态，具体使用方法如表 9-7 所示。

表 9-7　管理运行状态的常用命令举例

命令	说明
systemctl start UNIT	启动管理单元
systemctl stop UNIT	停止管理单元
systemctl kill UNIT	立即强制停止管理单元（直接杀掉对应进程）
systemctl restart UNIT	重启管理单元
systemctl reload UNIT	在不停止管理单元的情况下，重新载入其新配置

下列示例演示了 systemctl 命令的具体使用方法。

```
# 查看所有系统服务的运行状态
# ACTIVE 列表示活跃状态，SUB 列表示亚状态
[root@host1 ~]# systemctl list-units --type=service
（省略剩余输出）

# 查看所有运行失败的管理单元
[root@host1 ~]# systemctl list-units --all --failed
（省略剩余输出）

# 当前系统服务 firewalld 的运行状态为 inactive (dead)
[root@host1 ~]# systemctl status firewalld.service
（省略剩余输出）

# 当前系统服务 sshd 的运行状态为 active (running)
```

```
[root@host1 ~]# systemctl status sshd
（省略剩余输出）

[root@host1 ~]# systemctl is-active sshd
active

# 打印上个命令的退出码
[root@host1 ~]# echo $?
0

# is-active 与 is-failed 都能打印出管理单元状态，二者的区别在于其命令退出码
[root@host1 ~]# systemctl is-failed sshd
active

[root@host1 ~]# echo $?
1
```

2. 启动状态管理

系统管理单元的启动状态决定了其是否能在系统开机时自动启动或者在开机完成后被启动，具体类型如下。

1）enabled：表示该管理单元开机时会自动启动。某个管理单元被 enable 时，其位于/usr/lib/systemd/system 目录下的管理单元文件会被软链接到/etc/systemd/system 目录下的相关位置，具体原理见 9.3 节。

2）disabled：表示该管理单元开机不自动启动。某个管理单元被 disable 时，会删除其位于/etc/systemd/system 目录下的管理单元文件软链接。

3）static：表示该管理单元无法对其使用 systemctl enable|disable 命令，但是如果它被处于 enable 状态的其他管理单元依赖，那么该管理单元依然有可能在开机时自动启动。处于 static 启动状态的管理单元因为其管理单元文件中缺少 Install 区块的定义，无法也不需要通过命令将管理单元标记为 static 启动状态。

4）mask：表示该管理单元已被强制注销，不可以被启动。某个管理单元被mask 时，会在/etc/systemd/system 目录下创建一个指向/dev/null、具有相同名字的软链接。

通过 systemctl 命令可以控制管理单元的各种状态，表 9-8 和表 9-9 列举了相关常用命令。

表 9-8   查看管理单元启动状态的常用命令

命令	说明
systemctl list-unit-files	列出所有的管理单元文件
systemctl list-unit-files --type=TYPE	列出指定类型的管理单元文件

166

表 9-9 管理启动状态的常用命令

命令	说明
systemctl enable [--now] UNIT	开机自动启动，选项--now 表示同时立即启动该服务
systemctl disable [--now] UNIT	禁止开机自动启动，选项--now 表示同时立即停止该服务
systemctl mask [--now] UNIT	强制注销管理单元，此时无法启动此管理单元，选项--now 表示同时立即停止该服务
systemctl unmsk UNIT	恢复被注销的管理单元

9.2.4 管理单元分析工具

systemd 系统非常庞大，管理单元众多，其中的依赖关系更为复杂，用户必须借助一些管理单元分析工具（表 9-10）来查看管理单元之间的依赖、启动顺序等信息。在 Windows 系统下，用户可能使用一些系统辅助管理软件来查看系统的启动时间，在 Linux 系统下，可以使用 systemd-analyze 命令来评价和优化系统启动过程。

表 9-10 管理单元分析工具

命令	说明
systemctl list-dependencies [--reverse] [UNIT]	查看指定管理单元 UNIT 依赖了哪些其他管理单元，如果指定了--reverse 选项，则显示管理单元 UNIT 被哪些其他的管理员所依赖；如果不指定参数 UNIT，默认参数为当前默认目标环境
systemd-analyze	查看系统启动耗时信息
systemd-analyze blame	按从高到低的顺序查看系统中启动时间最为耗时的若干管理单元
systemd-analyze critical-chain [UNIT]	查看指定管理单元（默认参数为当前目标环境）的启动流

9.2.5 其他系统管理工具

systemd 为系统管理提供统一的接口，包含很多系统管理工具，这里将常用的系统管理工具列在表 9-11 中。systemd 目前已深入 Linux 操作系统的很多方面，可以完成很多系统管理功能，如系统电源管理、网络管理、时间管理、存储管理等。虽然其中部分工具的功能用其他命令也能实现，但是建议读者同时也学习这些 systemd 新命令的使用方法，因为大部分发行版的趋势都是使用 systemd 提供的工具替换相对陈旧的命令。例如，对于查看系统当前登录用户这一任务，本书在之前的章节中已介绍过 w 命令、who 命令，但是使用 systemd 提供的新命令 loginctl 同样也可以完成这一任务，建议读者能够掌握这些命令。

可以注意到，表 9-11 中关机和重启的命令都是使用 systemctl 命令实现的。其实本书在第 2 章介绍的 poweroff 和 reboot 命令都是 systemctl 的软链接，可以将 poweroff 理解为 systemctl poweroff 的简写形式，reboot 是 systemctl reboot 命令的简写形式。之所以提供这两个简写的命令，一方面是为了方便用户使用，另一方面是为了与旧系统保持兼容。在不采用 systemd 的旧系统中，poweroff 与 reboot 都是独立的命令。通过下面的例子，可以验证上述命令之间的关系。

```
[root@host1 ~]# ll 'which poweroff' 'which reboot'
```

```
      lrwxrwxrwx. 1 root root 16 Feb  1  2021 /usr/sbin/poweroff -> .. /bin/
systemctl
      lrwxrwxrwx. 1 root root 16 Feb  1  2021 /usr/sbin/reboot -> .. /bin/
systemctl
```

表 9-11　systemd 软件包提供的常用系统管理工具

工具	命令	说明
systemctl	systemctl poweroff	关机
	systemctl reboot	重启
hostnamectl	hostnamectl status	查看系统主机名状态（第 7 章已做介绍）
	hostnamectl set-hostname	设置系统主机名（第 7 章已做介绍）
localectl	localectl list-locales	列出系统中当前可用的本地语言设置
	localectl set-locale LANG=locale	设置本地语言环境
timedatectl	timedatectl list-timezones	列出系统所有可用时区
	timedatectl set-timezone timezone	设置系统时区
	timedatectl set-time YYYY-MM-DD HH:MM:SS	设置系统日期与时间
	timedatectl set-ntp true	启用系统网络时间同步状态（依赖 systemd-timesyncd.service 服务）
	timedatectl timesync-status	查看系统网络时间同步状态
loginctl	loginctl list-users	列出系统中的当前登录用户
	loginctl show-user login	查看用户的详细信息
	loginctl list-sessions	列出系统中的当前会话，一个用户可能产生多个会话
	loginctl terminate-session session-id	强制结束某会话，结束会话后用户会回到登录界面

9.3　系统服务单元文件

9.3.1　基本概念

系统服务的管理单元文件称为服务单元文件，该文件中定义了系统服务的名称、启动参数等各方面的信息。作为一种非常重要的 systemd 管理单元类型，本节主要介绍服务单元文件的配置。如前文所述，服务单元文件的文件名一般形如 UNIT_NAME.service，其中 UNIT_NAME 为系统服务名。

下面以系统服务 sshd 为例介绍服务单元文件的基本格式。服务单元文件的基本组成单位为区块，文件中以中括号包裹的字符串为区块名，区块名标志着本区块的开始以及上个区块的结束。区块中定义了多个区块配置，一般使用"配置项=配置值"的形式书写。

常用的 3 个区块分别是 Unit、Service 和 Install，下面对它们进行详细介绍。

1. Unit 区块

Unit 区块主要定义了系统服务的基本属性，如描述信息、启动顺序、服务依赖等，其主要配置项如表 9-12 所示。

表 9-12　Unit 区块中的主要配置项

配置项	说明
Description	有意义的描述，会显示在 systemctl status 等命令的输出中
Documentation	单元参考文档的 URI 列表
After	定义系统服务的启动顺序，本系统服务必须在该配置项定义的管理单元之后启动
Requires	必要依赖列表，定义本系统服务所依赖的其他管理单元，在启动本服务时会先启动本配置项定义的依赖管理单元，如果其中任何一个无法启动，则本服务启动失败
Wants	可选依赖列表，定义比 Requires 更弱的依赖，在启动本服务时会先启动本配置项定义的依赖管理单元，但是如果此配置项列出的单元没有启动成功，则不会影响本系统服务的成功启动
Conflicts	定义与本系统服务冲突的管理单元，即不能与本系统服务同时开启的系统服务

2. Service 区块

Service 区块主要定义了系统服务的启动方式，如启动的命令、环境变量等，其主要配置项如表 9-13 所示。

表 9-13　Service 区块中的主要配置项

配置项	说明
Type	系统服务的类型，其常用可选值如下。 simple：默认值。使用 ExecStart 启动的进程是该服务的主要进程。 forking：进程以 ExecStart 启动，生成一个作为服务主要进程的子进程。父进程在启动完成后会退出。 oneshot：类型与 simple 类似，但该服务启动的进程并不需要常驻系统后台，运行结束后进程即退出
ExecStart	指定在系统服务启动时要执行的命令，允许多次出现此配置项，systemd 将按这些配置项出现的顺序依次执行
ExecStartPre	指定在 ExecStart 之前需要执行的命令，允许多次出现此配置项，将按这些配置项出现的顺序依次执行
ExecStartPost	指定在 ExecStart 之后需要执行的命令，允许多次出现此配置项，将按这些配置项出现的顺序依次执行
ExecStop	指定在系统服务停止时要执行的命令，允许多次出现此配置项，将按这些配置项出现的顺序依次执行
ExecStopPre	指定在 ExecStop 之前需要执行的命令，允许多次出现此配置项，将按这些配置项出现的顺序依次执行
ExecStopPost	指定在 ExecStop 之后需要执行的命令，允许多次出现此配置项，将按这些配置项出现的顺序依次执行
ExecReload	指定重新载入该单元时要执行的命令，允许多次出现此配置项，将按这些配置项出现的顺序依次执行。如果不定义此配置项，那么无法使用命令 systemctl reload 来应用服务新的配置，只能使用命令 systemctl restart
RemainAfterExit	默认值为 False。如果设为 True，即使其所有进程已退出，该服务的活跃状态也为 active。这个选项常与配置项 Type=oneshot 一起使用
PIDFile	ExecStart 定义的主进程 PID 会写入此配置项指定的文件

续表

配置项	说明
Environment	设置环境变量，由本系统服务开启的进程都可以访问这些环境变量，允许本配置项多次出现。例如，Environment="A=b"表示设置值为 b 的环境变量 A
EnvironmentFile	通过文件设置环境变量，文件中可设置多个环境变量
Restart	定义了系统服务退出后，系统服务自动重启的方式，常用的可选值如下： no（默认值）：退出后不会重启； on-success：只有正常退出（退出状态码为 0）时，才会重启； on-failure：非正常退出（退出状态码非 0）时，包括被信号终止和超时，才会重启； always：不管是什么退出原因，总是重启
RestartSec	重启系统服务前需要等待的秒数

3. Install 区块

Install 区块主要定义了命令 systemctl enable 和 systemctl disable 使用的管理单元安装信息，其主要配置项如表 9-14 所示。

表 9-14　Install 区块中的主要配置项

配置项	说明
RequiredBy	当使用 systemctl enable 命令时，该系统服务会加入到 RequiredBy 中列出的管理单元的 Requires 依赖项； 当使用 systemctl disable 命令时，该系统服务会从 RequiredBy 中列出的管理单元的 Requires 依赖项中删除
WantedBy	当使用 systemctl enable 命令时，该系统服务会加入到 WantedBy 中列出的管理单元的 Wants 依赖项； 当使用 systemctl disable 命令时，该系统服务会从 WantedBy 中列出的管理单元的 Wants 依赖项中删除

在这里解释一下命令 systemctl enable 和 systemctl disable 的主要工作原理，以及这两个命令是如何使系统服务可以在开机时自动启动或者取消开机自动启动的。在对系统服务执行 systemctl enable 命令时，该系统服务会自动加入到 RequiredBy 中列出的管理单元的 Requires 依赖项，以及 WantedBy 中列出的管理单元的 Wants 依赖项中，这样随着这些依赖项中管理单元的启动，该系统服务也会自动启动；当执行目录 systemctl disable 时，又会去除对应的依赖项，以实现取消该系统服务自动启动的目的。例如，当 RequiredBy 被配置为 multi-user.target 时，该系统服务被启用后，就会随着 multi-user. target 的启动而启动，如前文所述，multi-user.target 会在系统开机时自动启动，所以该系统服务也相当于开机自动启动。

那么具体来说，systemd 是如何将一个管理单元 A 添加为另一个管理单元 B 的 Requires 依赖项和 Wants 依赖项的呢？其主要原理是管理单元 B 的 Requires 依赖项和 Wants 依赖项可以通过两种方式定义。

1）在 B 管理单元文件中 Unit 区段的 Requires 配置项和 Wants 配置项中定义。

2）在目录/etc/systemd/system/B.requires 和/etc/systemd/system/B.wants 下创建 A 管理单元文件的软链接，这两个目录下出现的管理单元同样会被分别视作管理单元 B 的 Requires 依赖项和 Wants 依赖项。

基于上述原理，通过将 A 的管理单元文件（一般位于目录/usr/lib/systemd/system 下）软链接到目录/etc/systemd/system/B.requires 和/etc/systemd/system/B.wants 下，就实现了 A 随 B 自动启动的目的。

大部分允许开机自动启动的系统服务，都会在其服务单元文件 Install 区段中配置 WantedBy=multi-user.target。那么当对该系统服务执行命令 systemctl enable 时，就会将其服务单元文件软链接到目录/etc/systemd/system/multi-user.target.wants 中；当对该系统服务执行命令 systemctl disable 时，就会删除其在目录/etc/systemd/system/multi-user.target.wants 下的服务单元文件软链接。大部分的系统服务之所以设置 WantedBy=multi-user.target 而非 RequiredBy=multi-user.target，是因为不希望由于该系统服务启动失败导致整个系统无法成功启动。当然，如果该系统服务非常重要，也可以设置 RequiredBy=multi-user.target，那么只有该服务正常启动后，系统才能正常启动。

9.3.2　修改现有服务单元配置

系统安装的服务单元文件一般都存储在目录/usr/lib/systemd/system/中，当软件包升级时，也会自动更新该目录下对应的服务单元文件。为了不影响系统的软件包升级机制，不破坏系统文件的完整性，用户的任何系统配置文件最好都存放在目录/etc 下，所以如果用户需要修改这些现有的服务单元文件，不应该直接编辑/usr/lib/systemd/system/下的服务单元文件。

在不修改原始服务单元文件的前提下，有下面两种方式可以修改系统服务 UNIT 的现有服务单元配置。

1）在目录/etc/systemd/system/UNIT.d/下新建.conf 文件，并将需要修改的配置片段写入该文件。这里需要注意，写入的配置片段中必须包含配置项及其区块声明，不能只写配置项。如果不存在此目录，用户可以手动新建，也可以使用 systemctl edit UNIT 命令完成。该命令会自动打开一个文本编辑器，用户将需要修改的配置输入其中，保存并退出该文本编辑器后，该命令会自动将刚才用户输入的配置保存到/etc/systemd/system/UNIT.d/override.conf 文件中。

2）在目录/etc/systemd/system/下新创建完整的同名服务单元文件。由于目录/etc/systemd/system/的优先级比目录/usr/lib/systemd/system/高，因此 systemd 会优先使用目录/etc/systemd/system/下的同名服务单元文件，相当于目录/usr/lib/systemd/system/下的同名服务单元文件会被前者覆盖。

无论通过上述哪种方法，在修改现有服务单元配置后，都需要使用 systemctl daemon-reload 命令通知 systemd 读取新的服务单元配置信息，最后通过 systemctl restart 命令或 systemctl reload 命令重启，新的配置才会生效。用户可以通过 systemd-delta 命令查看系统默认管理单元文件被修改的情况。

思考与练习

1. systemd 提供了哪些基本功能？可以管理系统中的哪些方面？
2. 编写脚本，自动统计系统开机时间，并报告最影响启动时间的 3 个系统服务。
3. 在基于 systemd 日志的系统中，如何查看日志的磁盘空间占用情况？
4. 简述命令 systemctl enable 与 systemctl disable 的具体实现原理和实施过程。
5. 尝试解释系统服务 sshd 的服务单元文件。
6. 编写脚本，实现每个小时定时输出系统当前登录用户情况，并将其输出到日志中。
7. 如何查看系统启动过程中哪些系统服务没有成功启动？
8. 简述从按下计算机电源到系统处于用户登录界面的流程。

第 10 章 本 地 存 储

10.1 本地存储设备

10.1.1 常见类型

本地存储设备是指安装在计算机内部，通过接口或插槽直接与主板相连，可以提供数据持久化服务的通用存储器。本章讨论的存储设备不包含计算机内存、CPU 或 GPU，因为此类存储器一般断电后无法保存数据，不能提供可靠的数据持久化服务。与本地存储设备相对应的是通过网络等远程方式连接的远程存储设备，相比之下，本地存储设备的数据传输速度和可靠性往往会更高，使用成本也相对更低。常见的外部存储器包括磁盘、软盘、光盘、U 盘、固态硬盘、SD 卡、磁带等，具体细节如表 10-1 所示，下面对其中比较重要的类型进行简单介绍。

表 10-1 常见的本地存储设备类型

名称	连接方式	最大容量	速度	主要特点
软盘	软驱	小（MB 级）	慢	现已基本淘汰
磁带	磁带机	大（10TB 级）	较快	容量大、价格低廉、寿命长，但是随机读写效率极低
磁盘	SATA、SAS、SCSI 等接口	较大（TB 级）	较快	容量大、价格较低廉
固态硬盘	SATA、PCI、NVME 等接口	较大（TB 级）	快	读写速度快，寿命相对较短
U 盘	USB 接口	较小（GB 级）	较快	易于携带，适合日常办公等场景
光盘	光驱	较小（GB 级）	较慢	易于携带，单张价格便宜
存储卡	读卡器	较小（GB 级）	较慢	体积小

10.1.2 磁盘

1. 基本情况

磁盘采用磁头读写磁盘片的方式提供数据存储服务，所以也称机械硬盘，该名称中的"机械"指的是其中包含移动磁头的机械臂，其中的"硬"是相对软盘的"软"而言的。软盘中的磁片一般是密封在塑料包装内，而硬盘的磁片一般是密封在质地坚硬的金属壳中。软盘的存储容量和数据传输速度都比不上硬盘，便携程度和使用方便程度也远远不及目前的 U 盘，现在已经很少使用软盘作为存储介质。

磁盘的外部结构如图 10-1 所示。

图 10-1　磁盘的外部结构

磁盘的随机读写性能较快，同时价格相对低廉，可靠性也有一定的保证，因此磁盘成为目前企业生产环境中的主流存储设备。由于磁盘使用广泛，存储系统中的很多概念都源自磁盘，因此本书将着重介绍磁盘的内部结构与工作原理。

2．内部结构

磁盘的外层正面一般是金属固定面板，背面一般是控制电路板，其内部的主要物理结构包括叠在一起但中间留有空隙的一系列圆形磁盘片（简称盘片）、负责读取磁盘片上数据的磁头和能够控制磁头位置的机械臂（图 10-2）。当磁头需要读写磁盘片时，磁盘内部的机械臂会自动将磁头快速移动到合适的位置。

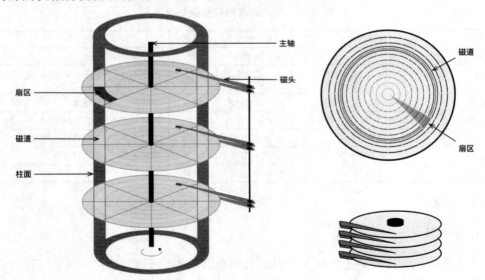

图 10-2　磁盘内部主要部件的侧视图（左）与顶视图（右）

在磁盘的物理结构中，有如下几个与数据读写相关的概念。

1）盘面（platter）：每一个盘片都有两面，称为盘面，每个盘面都可以存储数据。

一般来说，每个盘面对应了一个磁头（head），该磁头专门负责读取盘面上的数据，所以可以用磁头编号来定位盘面。磁头号最大为 255。

2）主轴（spindle）：主轴从各个盘片中心穿过，负责带动磁盘片高速转动。

3）磁道（track）：当磁盘片旋转时，磁头若保持在一个位置上，则每个磁头都会在磁盘表面划出一个圆形轨迹，这些圆形轨迹就叫作磁道。通常盘面上拥有成千上万圈磁道，其中最靠近外侧的一圈磁道编号为"00"，其面积也最大。

4）柱面（cylinder）：在由多个盘片构成的盘组中，由不同盘面，但处于同一半径圆的多个磁道组成的一个圆柱面。通常柱面数和每个盘面的磁道数是一样的，所以可用柱面编号来定位一组磁道。柱面号的最大值为 1023。

5）扇区（sector）：每个磁道被等分为若干个弧段，这些弧段便是硬盘的扇区。硬盘中"00"号磁道的第一个扇区称作引导扇区。扇区号的最大值为 63。

3. 扇区与块

不同磁道的每个扇区存储着相同大小的数据，每个扇区可以存储的数据量被称为扇区大小，一般为 512 B。扇区是硬盘中存储以及读写数据的最小物理单位，硬盘在读取数据时是以扇区为基本单位进行的，一次最少需要读取 1 个扇区上的数据。即使用户只需要一个扇区内部的部分数据，也必须先将该扇区所有的数据读进计算机内存后再做拆分。由此可知，扇区的大小会影响数据的存取速度，过大和过小都会造成负面影响。

既然扇区中存储的数据量都是相同的，那么内圈磁道和外圈磁道上的扇区数量相同吗？在旧方案中，内外层磁道上的扇区数量是相同的。外层磁道的实际面积要比内层磁道面积大，但是不同扇区的数据存储容量大小是相同的，显而易见，外层磁道上的扇区拥有更小的数据存储密度（即数据存储容量与扇区面积的比值），这就造成了一定的存储空间浪费。

后续在新方案中对上述问题进行了改进，允许内外层磁道拥有不同数量的扇区，每个扇区的数据存储密度相同，外层扇区的弧度更小，最终外层磁道有着更多的扇区数量。内外层磁道上的磁性材料都是相同的，不管扇区在内层还是外层，更多的面积可以存放更多的数据，显然，旧式方案浪费了外层磁道上扇区的存储空间，所以目前主要采用新式方案。

扇区的大小是由硬盘制造商决定的，有的产品可以被用户改变，有的产品则不可以被用户改变。为了保证兼容性，大多数的物理扇区都是 512 B，这对于目前的主流应用场景显得过小了，所以为了提高读写性能，文件系统在操作硬盘时以块（block）①作为最小基本单位。块的大小是物理扇区大小的整数倍，一般设定为 4 KB（即连续的 8 个扇区）。不同于扇区大小，文件系统块的大小一般是可以根据实际应用场景进行配置的。

_____

① 在 Windows 的 NTFS 文件系统中，被称为"簇"（cluster）。

4. 寻址方式

寻址方式指的是定位硬盘上某具体位置坐标的方式，目前主要包括 CHS 寻址方式和 LBA 寻址方式。

1）CHS 寻址（cylinder head sector）：此方式直接基于磁盘的物理结构，使用柱面-磁头-扇区这 3 个参数来描述扇区的位置坐标。这种方式最大的问题就是其寻址空间有限，只能用于描述约 7.84GB（磁头数×柱面数×扇区数×扇区大小，即 255×1023×63×512B≈7.84GB）大小的硬盘，这已经远远小于目前主流磁盘的大小（TB 级）了。

2）LBA 寻址（logic block address）：又称逻辑块寻址，为了解决 CHS 寻址方式地址空间过小的问题，LBA 寻址方式采用了"线性寻址模式"。在这种模式下，不再考虑硬盘的真实物理结构，不再使用柱面-磁头-扇区描述扇区位置，而是直接将硬盘上的所有扇区依次从"0"开始进行编号。LBA 存储寻址方式通用性强、寻址空间大，不仅可以用于磁盘，还能用于其他类型的存储设备寻址，这极大地降低了系统管理和使用硬盘的复杂度。

5. 数据接口类型

硬盘和主板之间需要通过物理数据接口相连接，通常一块硬盘只有一种接口，所以也经常用接口类型指代硬盘类型。主要接口类型如下。

1）ATA（advanced technology attachment）：也称为 IDE（integrated drive electronics）接口。这是一种并行总线接口，所以也称为 PATA。因为其传输速度较慢，目前几乎已被淘汰。

2）SATA（serial ATA）：使用串口通信模式，所以又叫串口硬盘。其最新版本 SATA 3 可以支持 600 MB/s 的数据传输速度。这种接口也是目前个人计算机的主流硬盘类型。

3）SCSI（small computer system interface）：一种并行总线数据接口，稳定性好，一般用于服务器领域。其最新版本的数据传输速度可以达到 320 MB/s。除了硬盘、光驱等设备外，其他设备也可通过此接口与计算机主板相连。

4）SAS（serial attached SCSI）：SATA 其实是 SAS 的一个子标准，因此 SAS 控制器可以直接操控 SATA 硬盘，但是 SAS 却不能直接在 SATA 的环境中使用，SATA 控制器并不能对 SAS 硬盘进行控制。最新版本 SAS 3 支持 1200MB/s 的数据传输速度。这种接口的硬盘是目前服务器领域的主流硬盘类型，价格较贵。

5）FC（fiber channel）：光纤通道，最早应用于存储局域网络（storage area networks，SAN），传输速度非常快，多用于磁盘阵列系统、服务器和高端工作站中，价格昂贵。

10.1.3 固态硬盘

固态硬盘（图 10-3）使用半导体数据存储颗粒制成，其最小存储单元为晶浮栅晶体管。通过给晶体管的栅（gate）注入不同数量的电子，可以改变栅的导电性能，改变晶体管的导通效果，从而实现对不同状态的记录和识别，利用这一点可以实现数据的存储。

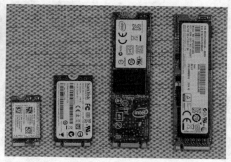

图 10-3 各种不同接口的固态硬盘

通过改变晶体管栅中的电子数目，可以将数据写入固态硬盘；通过向晶体管施加电压，获取不同导通状态，可以从固态硬盘中读取数据。有些晶体管，不论栅中电子数目的多少，都只有两种导通状态，对应读出的数据就只有 0/1（如 SLC 颗粒）；有些晶体管，栅中电子数目不同时，可以读出多种状态，能够对应读出 00/01/10/11 等不同数据（如 MLC 颗粒、TLC 颗粒）。

固态硬盘内部由电子电路和相关元器件组成，不存在可以移动的机械结构，而传统基于磁片的硬盘内部有用于控制磁头移动的机械臂。正是由于这一点，固态硬盘的数据传输速度要远比磁盘快，其尺寸也更小。目前固态硬盘还存在一些缺点，如寿命短、价格高等，这些缺点使其无法完全替代磁盘，但它是数据存储设备的主要发展方向之一。

固态硬盘的数据接口可以使用传统磁盘的数据接口（如 SATA），此时固态硬盘的数据传输速度受限于 SATA 的最高速度限制（600 MB/s）。由于固态硬盘的数据传输速度非常快，实际上已经远远超过了磁盘的数据传输速度，而且其数据存储的原理和磁盘大不相同，因此为了充分发挥固态硬盘的性能，一般直接使用 PCI 插槽或 M.2 接口将其连接到 PCI 设备总线上，此时数据传输速度平均可以达到 2000MB/s。

10.1.4 磁带

磁带一般用在数据备份领域。其优点是单位容量的价格较低、数据可靠性较高、容量较大、顺序读写的速度也较快；缺点是随机访问速度非常慢。磁带不适合用于需要经常随机读写的日常使用环境，但非常适合用于大尺寸的冷数据备份（即不常访问，但是需要备份的数据，如日志文件等）。

磁带在存储数据时主要使用线性磁带开放格式（linear tape-open，LTO），目前企业级 LTO-9 磁带的最大容量可达到 12TB（开启压缩存储模式后可以达到 30 TB），最大读写速度达到 360MB/s。磁带数据的读写需要通过磁带机进行，价格不菲的磁带机也在一定程度上限制了磁带机的使用范围。磁带在企业生产环境中一般安装在磁带库（图 10-4）中，磁带库的优点是可以同时存放大量磁带，在读写数据时也不需要人工取送磁带，磁带库可以通过机械臂快速拉取需要读写的磁带。

图 10-4　磁带库 IBM TS3200（左）和惠普 MSL6480（右）

10.2　分区与文件系统

10.2.1　分区与分区表

为了便于数据管理，在使用存储设备前，一般需要将存储设备中完整、连续的数据存储空间划分成若干"区域"，这些区域称为分区（partition）。分区也可以被看成一种存储设备，每个分区都可以独立地提供数据存储服务。分区的基本属性包括其在整个存储空间中的起始位置、结束位置，这两个属性共同决定了分区的数据存储容量。

虽然在 Linux 下不分区也可以直接格式化硬盘并存储数据，但是不推荐这种使用方式，一般情况下，存储设备中至少应包含一个分区。这是因为分区拥有很多优点。

1）维护方便：不同的数据可以分别存放在不同的分区中，不同的分区还可以拥有不同类型的文件系统。

2）安全性高：如果硬盘中的一块分区出现错误，也不会影响其他分区的正常使用。

3）拓展性高：用户可以使用相关工具动态调整分区大小、合并或拆分分区。

4）兼容性好：某些操作系统不支持使用无分区的硬盘，在这些系统中无分区硬盘将被识别为一块无数据的"新硬盘"。

每个分区的各项属性一般都会被保存在存储设备的分区表（partition table）中。分区表中包含了当前存储设备的所有分区记录。分区表自身一般不属于硬盘的任何分区，其数据被存放在特定的位置，如硬盘头部或尾部存储空间，为此硬盘必须留出一部分区域用于存放分区表。

分区表具体的数据组织形式以及其在存储设备中的具体保存位置是由分区表类型决定的。常见的分区表类型包括 GUID 分区表（GUID partition table，GPT）与主引导记录分区表（master boot record，MBR）。目前主要使用 GPT 分区表，MBR 分区表存在诸多限制，一般只在老旧设备上继续使用，表 10-2 列出了二者的主要区别。

表 10-2　GPT 分区表与 MBR 分区表的主要区别

特性	GPT 分区表	MBR 分区表
产生时间	较晚	较早

续表

特性	GPT 分区表	MBR 分区表
最大分区数	128 个分区	4 个主分区或 3 个主分区加 1 个扩展分区中的 12 个逻辑分区
最大允许磁盘容量	8 ZB	2 TB
分区表存放位置	前部和尾部	前部

在 MBR 分区表中只能存在 4 个分区记录，为了解决这个问题，引入了主分区、扩展分区与逻辑分区的概念。在 MBR 分区表中直接记录的称为主分区，嵌套在扩展分区内部的称为逻辑分区。GPT 分区表允许最多 128 个分区记录，对应绝大部分应用场景已够用，因此主分区等概念在 GPT 分区表中已基本不使用，GPT 分区表中的分区均相当于主分区。

GPT 分区表（图 10-5）使用分区项（entry）记录分区的各个属性，包括分区开始位置、结束位置、分区类型、PARTUUID、PARTLABEL 等。其中，PARTUUID 是在分区划分完成后为分区自动生成的一个 ID，可以保证在全世界范围内都不重复，PARTLABEL 则是用户为分区设置的一个字符串标签，可以通过该属性对分区做简要标注。

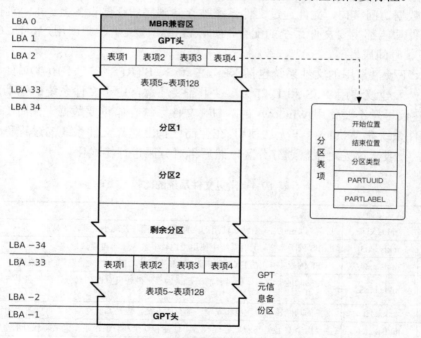

图 10-5　GPT 分区表的结构组成与分区表项属性

根据分区的用途，分区可以被赋予不同的类型，GPT 分区表中的分区类型采用 UUID 格式的字符串代号表示，常见的分区类型如表 10-3 所示。一般情况下，存储用户数据的分区都应该选择 "Linux filesystem" 类型。

表 10-3　常见分区类型

分区类型	用途	GPT 分区表中的代号
Linux filesystem	Linux 下一般存储用户数据的分区	0FC63DAF-8483-4772-8E79-3D69D8477DE4
Linux swap	Linux 下的交换分区	0657FD6D-A4AB-43C4-84E5-0933C84B4F4F
Linux LVM	LVM 分区（用作物理卷的分区）	E6D6D379-F507-44C2-A23C-238F2A3DF928
EFI System	EFI 启动分区	C12A7328-F81F-11D2-BA4B-00A0C93EC93B

10.2.2　文件系统

操作系统的核心功能之一就是提供数据存储服务，这一般是通过文件实现的，文件包含了一段计算机数据及其相关元数据（如文件名、修改时间、权限等）。文件最终会被保存在底层的存储设备中，但是存储设备一般属于块设备，其本身只提供了最基本的块数据读写功能，直接访问这些存储设备较为复杂，所以在存储设备与用户文件之间出现了一个软件层，即文件系统（file system）。

文件系统是一类可以管理文件的系统软件，它为底层存储设备提供了安全可靠、高效便捷的数据访问接口，文件通过文件系统被存储到底层存储设备上。本书前面介绍过的很多文件功能都需要文件系统的配合，如软链接、硬链接、归属用户、UGO 权限、ACL 权限、时间属性等。

Linux 下硬盘常用的文件系统包括 XFS、ExtFS、BTRFS 等（表 10-4），如果没有特殊需求，一般建议使用 XFS 和 EXT 4。这里需要注意，由于文件系统的驱动问题，在 Linux 下建议尽量不要使用 Windows 的 NTFS 文件系统存储重要数据，同时 Linux 下大多数的文件系统在 Windows 下无法使用。在存储设备上建立文件系统的过程称为格式化（format）。一般建议先对硬盘划分分区，然后再对分区进行格式化。

表 10-4　常见文件系统的比较

文件系统	格式化命令	说明
XFS	mkfs.xfs	目前为 CentOS 8 中默认使用的文件系统，擅长处理小文件，支持超大分区
EXT 3	mkfs.ext3	ExtFS 的版本 3，老旧系统中使用得比较多，现在不再建议使用
EXT 4	mkfs.ext4	ExtFS 的版本 4，在 EXT 3 基础上增加了一些功能，对性能做了一些改进
BTRFS	mkfs.btrfs	支持的功能非常多，但是目前一般认为稳定性还没有得到充分认证，在生产环境中不建议使用
VFAT	mkfs.fat	支持的功能较少，性能和安全性都有所不足，但是其驱动简单，目前主要用于特殊场合
exFAT	mkfs.exfat	主要用于 U 盘等可移动存储设备，性能和安全性有所不足，但具有较好的系统兼容性
NTFS	mkfs.ntfs	主要在 Windows 下使用，虽然在 Linux 下使用第三方驱动可以实现读写，但是稳定性没有得到充分验证

10.2.3　硬盘的基本使用方式

上面已经介绍了 Linux 中有关本地存储的很多基础知识，那么在实际应用中，用户在拿到一块新硬盘后应该如何使用呢？这个过程主要分为以下几步（图 10-6）。首先，用户应根据实际需求对整块硬盘划分分区，然后选择合适的文件系统并对分区进行格式化，最后把分区上的文件系统挂载到文件树的目录上开始使用。挂载目录为用户提供了分区的访问点，后续对挂载目录的读写就是对分区的读写。本章将在后续部分对这个使用流程中的各个步骤做详细讲解。

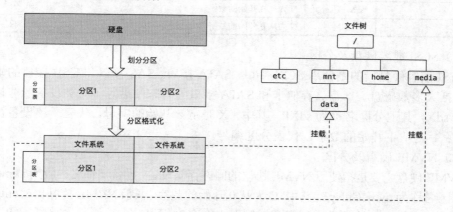

图 10-6 硬盘的基本使用流程

10.3 存储设备的名称与属性

10.3.1 存储设备的名称

在 Linux 下，硬盘、光盘、磁带和分区等都属于块设备，Linux 使用设备文件对其统一管理，这些设备文件都位于/dev 目录下。存储设备的名称就是其设备文件的文件名，可以使用存储设备名称引用指代该设备。下面介绍两种存储设备的命名方式。

1. 内核名称

存储设备的内核名称（kernel name）就是其在 Linux 内核中的名称。内核为不同类型的存储设备分配了不同的名称前缀，在系统启动过程中，内核根据发现这些设备的顺序依次对其命名。例如，磁盘的前缀为sd，那么第一个发现的硬盘为/dev/sda，第二个发现的硬盘就是/dev/sdb。但是在系统每次启动的过程中，设备被发现的顺序可能不一致，这就导致某块硬盘的内核名称在每次启动后可能是不一致的，所以内核名称的命名方式也称非持久性命名。表 10-5 列出了常见存储设备的内核名称命名规则。

表 10-5 存储设备的内核名称命名规则

设备类型	名称格式	说明	举例
SCSI 兼容设备	sdX	X 为从 a 开始的字母，表示系统发现此类设备的顺序	sda, sdb, sdc
SCSI 兼容硬盘中的分区	sdXP	X 为从 a 开始的字母，P 为从 0 开始的数字	sda1, sdb2, sdc1
NVME 硬盘	nvmeCnN	C 为从 0 开始的数字，N 为从 1 开始的数字	nvme0n1, nvm1n1

设备类型	名称格式	说明	举例
NVME 硬盘中的分区	nvmeCnNpP	C 为从 0 开始的数字，N 和 P 为从 1 开始的数字	nvme0n1p1, nvme0n1p2
光驱	srN 或 sgN	N 为从 0 开始的数字	sr0, sr1
磁带	stN	N 为从 0 开始的数字	st1, st2

（1）SCSI 兼容硬盘及分区

SCSI 兼容硬盘指的是使用 SCSI 接口、SATA 接口、SAS 接口和 USB 接口的硬盘设备，包括大多数磁盘、U 盘、存储卡和 SATA 接口的固态硬盘等。此类设备的非持久性名称为 sdX，其上分区名称为 sdXP。其中，X 是从 a 开始的字母，代表了该设备被发现的顺序；P 为从 1 开始的数字，代表分区编号。

（2）NVME 硬盘及分区

NVME 硬盘主要是指使用 NVME 协议的固态存储设备，设备文件名一般为 nvmeCnN，其上分区名称为 nvmeCnNpP。其中，C 为从 0 开始的数字，表示 NVME 控制器（controller）的编号；N 为从 1 开始的数字，表示控制器上命名空间（namespace）的编号；P 为从 1 开始的数字，表示分区编号。

（3）光驱

对于光驱，设备文件名一般为 srN 或 sgN，其中 N 为从 0 开始的数字，代表该光驱被系统发现的顺序。有时候在系统中还可以观察到/dev/cdrom文件，此文件一般是/dev/sr0 的软链接。

2. 持久性名称

为了保证同一个存储设备在每次系统启动后都拥有同一个设备名称，Linux 提出了设备的持久性名称命名方法（persistent block device naming）。在这套命名方案中，设备的命名是根据设备的不同属性而定的，这些属性包括设备 ID、物理路径、文件系统 UUID、文件系统 LABEL、分区的 PARTUUID、分区的 PARTLABEL 等。每个设备的上述属性都不会重复，系统通过这些属性可以定位到具体的存储设备。

持久性名称对应的设备文件在/dev/disk 目录下的子目录中，其具体原理是在/dev/disk 下为每个上述不同属性单独建一个子目录，这些子目录中提供了一些链接到非持久性命名设备文件上的软链接（表 10-6）。

表 10-6　存储设备的持久性命名规则

属性	目录	说明
设备 ID	/dev/disk/by-id	硬盘和分区都有此属性
设备物理路径	/dev/disk/by-path	硬盘和分区都有此属性
设备上文件系统的 UUID	/dev/disk/by-uuid	仅当设备上有文件系统时存在该属性
设备上文件系统的 LABEL	/dev/disk/by-label	仅当设备上有文件系统且为其设定了 label 时存在该属性
分区的 PARTUUID	/dev/disk/by-partuuid	仅分区有此属性
GPT 分区的 PARTLABEL	/dev/disk/by-partlabel	仅设定有 partlabel 的 GPT 分区有此属性

10.3.2　存储设备的属性

存储设备的属性主要参考表 10-7，这里的存储设备既包括物理硬件，也包括分区。在这些属性中要注意分区属性与文件系统属性之间的区别。

表 10-7　存储设备的常见属性

类型	列名	意义	取值说明
通用属性	NAME	设备的内核名称	
	MAJ:MIN	主设备号与次设备号	硬件设备与其上的分区拥有相同的 MAJ 号
	TYPE	设备类型	disk 表示硬盘，part 表示分区
	SIZE	容量大小	设备的总容量
	HOTPLUG	是否是可热插拔设备	热插拔指的是可以在计算机运行时连接系统使用
	RO	是否是只读设备	取值 1 表示是，0 表示否
	RM	是否是可移动设备	取值 1 表示是，0 表示否，常见的 U 盘、光盘等属于可移动设备
硬件设备属性	MODEL	设备型号	出厂时固化在设备固件中，用户一般不可修改
	SERIAL	设备序列号	出厂时固化在设备固件中，用户一般不可修改
	WWN	设备的全球唯一名称	出厂时固化在设备固件中，用户一般不可修改
	STATE	设备状态	running 表示设备正在运行
分区属性	PARTTYPE	分区类型	如 EFI 分区、Linux 文件系统分区、SWAP 分区等
	PARTLABEL	分区标签	用户为分区赋予的一个标签
	PARTUUID	分区 UUID	分区划分完成后自动生成，每个分区的 PARTUUID 都是不同的
文件系统属性	FSTYPE	文件系统类型	如 xfs、ext4、vfat 等
	MOUNTPOINT	挂载点	如果文件系统被挂载了，显示挂载点目录
	LABEL	文件系统标签	用户为文件系统赋予的一个标签
	UUID	仅文件系统有此属性	格式化后自动生成，每个文件系统的 UUID 都是不同的

1）分区划分完成后就有了分区属性，但是只有对分区格式化后才有文件系统属性。

2）分区的各项属性与其上文件系统的属性都是独立存在的。其中，分区的 PARTUUID 在分区建立时自动分配，文件系统的 UUID 在格式化时自动分配，这两个属性不可被用户修改，而分区的 PARTLABEL 与其上文件系统的 LABEL 则可以通过不同的命令对其单独设置。

3）重新格式化分区后，其上文件系统的 UUID 会发生改变，但是只要不重新建立分区，该分区的 PARTUUID 都是不变的。

10.3.3　查看存储设备的属性

1. blkid 命令

使用 blkid 命令可以查看存储设备的各种 ID 信息，具体用法可参考下面的例子。

```
[root@localhost] blkid
/dev/mapper/repo-wrd: UUID="0bb8f62b-1b39-4e84-87fd-3fe31be60893"
```

```
BLOCK_SIZE="512" TYPE="xfs"
      /dev/sda4: UUID="0oN361-ZFgO-yHk3-h74d-n23D-uUgm-d7eJ6f" TYPE="LVM2_
member" PARTUUID="f6cfdefc-c1cb-5047-a1cd-d1349a66a740"
      /dev/sda2: UUID="ba552b2a-737f-4ef2-bfe4-08842e8ad212" TYPE="swap"
PARTUUID="15ad2387-b6de-4c46-97fc-159d5574e3ed"
      /dev/sda3: LABEL="ROOT" UUID="6647ee2c-26b1-4b32-8930-8e498e1746bd"
BLOCK_SIZE="512" TYPE="xfs" PARTUUID="6d0808cf-ff59-5f42-8c18-0f8a622c7af2"
      /dev/sda1: SEC_TYPE="msdos" UUID="9396-E50A" BLOCK_SIZE="512"
TYPE="vfat" PARTUUID="9cf4ee23-301e-974a-9aef-9e077328612c"
```

2. lsblk 命令

使用 lsblk 命令（命令 10-1）可以查看存储设备的各项主要属性，普通用户也可以使用此命令。该命令输出列可以通过其-o 选项指定，其中列名见表 10-7 中的第二列，对应值的意义见该表 10-7 中的最后一列。

命令 10-1　lsblk

名称
　　lsblk – 查看块设备的属性。
用法
　　lsblk [OPTION]... [DEVICE]...
参数
　　DEVICE
　　　　需要查看属性的块设备文件路径，如果不指定此参数，将显示系统中所有块设备的信息。
选项
　　-f, --fs
　　　　显示设备中文件系统的信息。
　　-S, --scsi
　　　　只显示 SCSI 设备，如分区之类的设备将不再显示。
　　-o, --output LIST
　　　　指定需要显示设备的信息列。如果列名前有"+"，表示在默认显示列的基础上增加显示的信息列。
　　-l, --list
　　　　以列表形式查看。如果不指定参数，会显示树状关系。

3. df 命令

使用 df 命令（命令 10-2）可以查看文件系统的空间使用情况等信息，注意此命令只能查看已挂载文件系统的相关信息，未挂载的文件系统不能通过此命令查看。

命令 10-2　df

名称
　　df – 查看文件系统的空间使用情况。
用法
　　df [OPTION]... [FILE]...

参数
    FILE
        显示参数 FILE 所在文件系统的相关信息。如果没有指定此参数，则默认显示系统中所有已挂载文件系统的信息。
选项
    -h, --human-readable
        以合适的单位（如 KB、MB、GB、TB 等）报告空间使用情况。
    -t, --type=FSTYPE
        查看指定文件系统类型设备的信息。

10.4　分区与文件系统管理

10.4.1　维护分区表

    分区表的维护操作主要包括创建分区和删除分区。很多命令都可以用来维护分区表，本书主要介绍 fdisk 命令（命令 10-3）的使用方法。fdisk 是一个用来管理分区表的交互式命令行工具，它既可以管理 GPT 分区表，也可以管理 MBR 分区表[①]，无论是查看还是编辑分区表，均需要系统管理员权限。

命令 10-3　fdisk

名称
    fdisk – 分区表编辑工具。
用法
    fdisk [OPTION]... DEVICE
    fdisk -l [DEVICE]...
参数
    DEVICE
        需要查看或编辑分区表的目标设备。
选项
    -l, --list
        查看指定设备的分区表。

    在使用 fdisk 命令编辑分区表时，会进入一个可以输入 fdisk 子命令（表 10-8）的交互式管理界面。需要注意的是，对于还没有建立分区表的硬盘，fdisk 命令默认会为其自动创建 MBR 分区表，如果用户希望该硬盘使用 GPT 分区表，需要显式地使用其子命令 g 将其转换为 GPT 分区表。

[①] 旧版本的 fdisk 只能编辑 MBR 分区表，但是从 2.30.2 版本开始，该命令也可用来编辑 GPT 分区表。因为 CentOS 8 预装的版本较新，所以两种分区表都可以编辑。

表 10-8   fdisk 命令的交互式子命令

类型	子命令	作用
类型转换	g	创建一个新的 GPT 分区表（会删除设备中原有的分区表）
	o	创建一个新的 MBR 分区表（会删除设备中原有的分区表）
查看与编辑	n	新建分区
	d	删除分区
	t	修改分区类型
	p	查看当前分区表
杂项	w	保存分区表并退出
	q	不保存分区表，直接退出
	m	查看所有子命令的帮助信息

为避免造成虚拟机系统故障，建议不要直接编辑系统分区所在硬盘，所以在进行本章后续实验前，需要为虚拟机添加一个新的虚拟硬盘。具体步骤如下。

1）打开虚拟机的设置界面，在弹出对话框的左侧选择"存储"栏目，然后单击"控制器：SATA"选项右侧的"添加虚拟硬盘"按钮（图 10-7）。

图 10-7   虚拟机存储设置对话框

2）在弹出的对话框中使用 VirtualBox 提供的默认参数创建一个新的虚拟硬盘，选中刚刚创建的虚拟硬盘，然后单击右下方的"选择"按钮（图 10-8）。

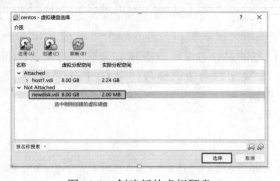

图 10-8   创建新的虚拟硬盘

3）返回虚拟机的设置对话框，如果发现新建的虚拟硬盘已经出现在"控制器：SATA"项目下，说明新硬盘已经添加成功，最后单击右下角的"OK"按钮退出设置对话框（图 10-9）。此时可以返回虚拟机中验证是否可以观察到新硬盘。

图 10-9　新虚拟硬盘已添加成功

10.4.2　格式化分区

不同文件系统的格式化命令可参见表 10-4，这些命令一般以 mkfs.为前缀，后面跟着文件系统的名称，如 mkfs.xfs、mkfs.ext4 等。这些工具的使用方法也较为类似，一般其参数为分区设备文件的路径。例如，XFS 文件系统分区格式化的命令为 mkfs.xfs /dev/DISK_PATH，其中/dev/DISK_PATH 为存储设备的路径。

10.4.3　挂载和卸载文件系统

1. 基本概念

Linux 中管理的所有文件都必须在文件树中，所以为了访问存储设备①上的文件系统，必须先将该文件系统挂载（mount）到系统文件树的某个目录中。挂载就是将存储设备纳入系统管理，使其文件系统融入当前系统文件树，最终使其中数据可以被用户访问的过程。这里需要注意，挂载的对象是文件系统，分区等存储设备必须先经过格式化，拥有文件系统后，才能被挂载。

在 Linux 下，挂载的基本实现方式是将存储设备上的文件系统附加到当前系统文件树中的某个目录上，此后被挂载文件系统中的文件就会出现在该目录下供用户访问（图 10-10）。在挂载过程中，被文件系统附加的目录称为该文件系统的挂载点（mount point），挂载点是存储设备文件系统的一个访问入口，对该挂载点的操作就是对存储设备文件系统的操作。

---

① 本地存储设备和远程存储设备中的文件系统都需挂载后才能访问。

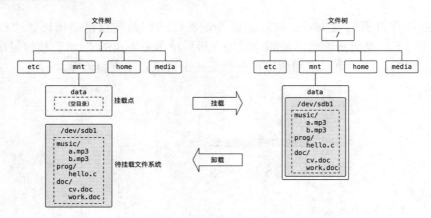

图 10-10　文件系统的挂载与卸载过程

　　一般情况下，建议用户选择一个空目录作为挂载点。这是因为如果将文件系统挂载到非空目录，那么该非空目录中原有的文件会无法访问，用户只能通过该目录访问被挂载文件系统下的文件。目录/mnt 和/media 是系统提供的两个通用挂载点，此外，如果用户需要，完全可以选择其他空目录作为挂载点。

　　在使用完存储设备后，可以选择将其上的文件系统从挂载点上卸载（unmount）。卸载就是将存储设备文件系统从当前系统文件树中剥离的过程，卸载后的文件系统无法再通过挂载点访问，同时挂载点目录也会恢复成一个普通的目录。

　　为了保证数据安全，避免在进程写入数据时意外卸载文件系统，在卸载文件系统前，必须将当前工作目录切换到其他目录，并保证系统中没有正在访问该文件系统的进程，否则命令 umount 将报出错误信息 "target is busy"，此时必须等待该进程结束或者主动杀死该进程，才能成功卸载文件系统。

　　当出现进程占用文件导致文件系统无法卸载的情况时，建议用户等待进程结束，或者通过 kill PID 命令通知该进程主动退出，而不是直接使用 kill -9 PID 命令强制进程退出[1]，这样可以防止文件数据损坏。

　　不同文件系统的挂载点是可以嵌套的，即将一个文件系统挂载到某目录下后，在此目录下的子目录仍然可以被用作挂载点挂载其他文件系统。例如，可以将/dev/sda1 分区上的文件系统挂载为根目录，将/dev/sda2 分区上的文件系统挂载到/boot 目录。这里需要注意，必须先挂载外层目录上的文件系统，再挂载内层目录上的文件系统，否则内层目录上的文件系统挂载后，将被外层目录上的文件系统覆盖，变成无法访问的状态。

2. 手动挂载

　　存储设备的挂载主要通过 mount 命令（命令 10-4）完成，卸载主要通过 umount 命令（命令 10-5）完成。如果用户需要查看当前系统中所有被挂载的文件系统及其挂载选

---

[1] kill PID 命令向指定进程发送 SIGTERM 信号，而 kill -9 PID 命令会向指定进程发送 SIGKILL 信号，具体区别见第 9 章相关内容。

项，可以使用 findmnt 命令。

命令 10-4　mount

名称

　　mount – 挂载文件系统。

用法

　　mount [-t FSTYPE] [-L LABEL] [-U UUID] [-o OPT...] DEVICE DIR

　　mount -a

参数

　　DEVICE

　　　　待挂载文件系统所在的存储设备。

　　DIR

　　　　挂载点目录。

选项

　　-t, --types FSTYPE

　　　　指定文件系统的类型，如 XFS、EXT 3、EXT 4、VFAT、BTRFS、NTFS 等。如果不指定此参数，mount 命令会尝试自动解析文件系统的类型。

　　-o, --options OPTS

　　　　指定文件系统的挂载选项 OPTS，多个选项间使用逗号"，"间隔。通用的挂载选项参见表 10-9，此外，对于部分文件系统还存在其专用的挂载选项。

　　-a, --all

　　　　自动挂载文件/etc/fstab 中定义的挂载项目。

　　-L LABEL

　　　　挂载指定 LABEL 的文件系统。

　　-U UUID

　　　　挂载指定 UUID 的文件系统。

命令 10-5　umount

名称

　　umount – 卸载文件系统。

用法

　　umount [DIR|DEVICE]

参数

　　DIR, DEVICE

　　　　卸载文件系统时，既可以通过指定文件系统的所在存储设备 DEVICE，也可以通过指定其挂载点 DIR。

　　这里解释一下表 10-9 中的 sync 与 async 选项。系统访问文件系统时，有两种文件的写入模式：同步模式（sync）与异步模式（async）。默认情况下（即 default 选项）开启的是异步模式，写入存储设备的数据会先暂时保存在计算机的高速缓存中，系统会在其认为合适的时候，将多个写入操作合并为一个批次真正保存到存储设备中。但是如果计算机遭遇严重突发情况，如断电，那么缓存中的写入数据可能就来不及被保存到存储设备中，造成数据的不一致，最终可能导致用户数据的丢失或者文件系统的损坏。

表 10-9　文件系统常用的通用挂载选项

挂载选项	作用	挂载选项	作用
exec	允许运行文件系统上的可执行文件	noexec	不允许运行文件系统上的可执行文件
user	允许用户挂载并卸载该文件系统	nouser	不允许普通用户挂载或卸载文件系统
rw	以可读写的方式挂载文件系统	ro	以只读不可写的方式挂载文件系统
suid	允许文件系统中文件的 SUID 和 SGID 权限生效	nosuid	不允许文件系统中文件的 SUID 和 SGID 权限生效
sync	以同步模式挂载文件系统	async	以异步模式挂载文件系统
auto	允许通过 -a 选项自动挂载	noauto	不允许通过 -a 选项自动挂载，只能手动挂载
remount	以新的挂载选项重新挂载当前已挂载的文件系统，注意重新挂载时，挂载点不能变		
defaults	等于同时指定 async, auto, dev, exec, nouser, rw, suid		

开启了同步模式后，对文件系统的所有写入都不再经过缓存，而是必须立即保存到存储设备上。如果此时存储设备正在被写入数据，那么必须等待其完成后再进行下次写入操作。对于大部分存储设备，这将极大地降低数据写入速度。可以看出，相对于异步模式，同步模式以牺牲文件系统 I/O 性能为代价，尽可能地提高了数据安全性。但是目前大部分成熟的日志型文件系统已考虑到突发情况对数据安全性的影响，对此做了一定的优化，因此如无特殊需求，用户无须开启同步模式。

3. 自动挂载

除了使用 mount 命令手动挂载文件系统外，还可以通过配置文件/etc/fstab 的方式，实现文件系统在系统开机时的自动挂载。事实上，一些重要的系统文件目录必须在系统启动时挂载，如根目录所在文件系统等。文件/etc/fstab 是一个非常重要的系统文件，一旦错误配置该文件或该文件损坏，系统都可能出现故障，导致无法正常运行。

文件/etc/fstab 中每一行（不包括以"#"开头的注释行）都定义了一个文件系统的挂载信息，该文件共分为 6 列，列之间以 tab 或空格间隔。

1）文件系统位置：这一列用来指定当前行配置的是哪个文件系统的自动挂载信息，可以使用表 10-10 中的 5 种信息来指定文件系统位置。为了避免在不同启动过程中存储设备内核名称不一致的问题，应该尽量避免在此列中使用设备文件路径。表 10-10 列举了此列的可选形式。

2）挂载点：这一列配置了指定存储设备要挂载到哪个目录上。请注意，这里配置的挂载点目录一定要提前创建，如果系统启动时发现此目录不存在或者不具有必要的权限，则自动挂载会失败。同时挂载点目录也最好为空，否则容易导致数据安全隐患。

3）文件系统类型：这一列用于指定存储设备的文件系统类型。设备挂载前必须格式化，在该列中填写格式化后的文件系统即可，每个文件系统具体对应的值与 mount 命令的 -t 选项一致。

4）挂载选项：这一列用于指定挂载文件系统时的挂载选项，取值与 mount 命令的

-o 选项一致。

5）dump 标志：表示是否使用 dump 命令对文件系统进行备份。此列允许出现数字 0 和 1，其中，0 表示不备份，1 表示每天都进行备份。如果系统中没有安装 dump 命令，则应将此列填为 0。

6）fsck 标志：表示挂载时使用 fsck 命令检查文件系统完整性的优先级。此列仅允许出现数字 0、1 和 2，其中 0 表示设备不需要被检查。根目录应当被设置为最高的优先权 1，其他所有需要被检查的设备可以被设置为 2。

表 10-10 文件/etc/fstab 第一列文件系统位置的可选形式

可选形式	填写格式	举例
设备文件路径	直接填写设备文件路径	/dev/sda1
文件系统的 UUID	UUID=uuid	UUID=373fd7a5-606b-40f3-95d8-e300d2137d6f
文件系统的 LABEL	LABEL=label	LABEL=NAS_MEDIA
文件系统所在分区的 PARTUUID	PARTUUID=partuuid	PARTUUID=95d7a383-5237-41b9-beb7-973e45bcff80
文件系统所在分区的 PARTLABEL	PARTLABEL=partlabel	PARTLABEL= "Linux filesystem"

需要注意，如果在文件/etc/fstab 的第 4 列挂载选项中添加了 noauto 选项，那么该文件文件系统在系统启动时不会自动挂载；如果没有 noauto 选项，那么该文件系统会在系统启动动时自动按照配置挂载。

思考与练习

1. 磁盘、硬盘、U 盘、SSD、NVME 这些概念之间有何关联？

2. 编写脚本，实现自动将 MBR 格式分区表的硬盘迁移至 GPT 格式分区表，同时不丢失用户数据。

3. 有哪些方法可以降低数据丢失或损坏的概率？

4. 文件/etc/fstab 的第 1 列有哪些写法？其中哪种写法更好？

5. 交换空间有何用处？为何在服务器上建议开启交换空间？

参 考 文 献

曹江华，郝自强，2020. Red Hat Enterprise Linux 8.0 系统运维管理[M]. 北京：电子工业出版社.

梁如军，王宇昕，车亚军，2016. Linux 基础及应用教程（基于 CentOS 7）[M]. 2 版. 北京：机械工业出版社.

刘遄，2021. Linux 就该这么学[M]. 2 版. 北京：人民邮电出版社.

鸟哥，2018. 鸟哥的 Linux 私房菜基础学习篇[M]. 4 版. 北京：人民邮电出版社.

庞丽萍，阳富民，2014. 计算机操作系统[M]. 2 版. 北京：人民邮电出版社.

塔嫩鲍姆，博斯，2017. 现代操作系统：原书第 4 版[M]. 陈向群，马洪兵，等译. 北京：机械工业出版社.

王亚飞，张春晓，2021. CentOS 8 系统管理与运维实战[M]. 北京：清华大学出版社.

於岳，2015. Linux 命令应用大词典[M]. 北京：人民邮电出版社.

BLUM R, BRESNAHAN C, 2016. Linux 命令行与 shell 脚本编程大全[M]. 门佳，武海峰，译. 3 版. 北京：人民邮电出版社.

BOVET D P, CESATI M, 2008. O'Reilly：深入理解 LINUX 内核[M]. 陈莉君，张琼声，张宏伟，译. 3 版. 北京：中国电力出版社.

MAUERER W, 2010. 深入 Linux 内核架构[M]. 郭旭，译. 北京：人民邮电出版社.

SHOTTS W R JR, 2013. Linux 命令行大全[M]. 郭光伟，郝记生，译. 北京：人民邮电出版社.